故事的疗愈力

墨 非 著

中国华侨出版社

·北京·

图书在版编目（CIP）数据

故事的疗愈力 / 墨非著. — 北京：中国华侨出版
社，2021.5
ISBN 978-7-5113-8415-7

Ⅰ. ①故… Ⅱ. ①墨… Ⅲ. ①心理压力—心理调节—
通俗读物 Ⅳ. ①B842.6－49

中国版本图书馆 CIP 数据核字（2020）第 226675 号

● **故事的疗愈力**

著　　者 / 墨　非
责任编辑 / 姜薇薇　桑梦娟
责任校对 / 孙　丽
封面设计 / 天下书装
经　　销 / 新华书店
开　　本 / 710 毫米×1000 毫米　1/16　印张 /16　字数 /223 千字
印　　刷 / 香河利华文化发展有限公司
版　　次 / 2021 年 5 月第 1 版　2021 年 5 月第 1 次印刷
书　　号 / ISBN 978-7-5113-8415-7
定　　价 / 49.80 元

中国华侨出版社　北京市朝阳区西坝河东里 77 号楼底商 5 号　邮编：100028
法律顾问：陈鹰律师事务所　　　　　编辑部：（010）64443056　　　64443979
发行部：（010）64443051　　　　　传　真：（010）64439708
网　址：www.oveaschin.com　　　　E-mail：oveaschin@sina.com

前言

　　美国著名的心理学家西蒙斯曾说过，人生即故事本身。一个有着积极意义的人生，亦如那个精彩无限、充满吸引力的故事。而积极且有意义的人生，是需要故事来激励和治愈的。现实中我们都或许有这样的感受：无论是在小说中，还是在看一部电影或者电视剧时，都会自然而然地产生自己的偏好，不知不觉地在故事的角色中倾注一些个人的情感色彩。比如，你会喜欢某个角色，这可能是因为我们在角色中发现了自己，或者是看到了理想中的自己。看着角色在另一个世界里成长，就仿佛看见了自己在成长一般。很多时候，看完一个故事，我们会沉思良久甚至会忍不住哭出来，而后感觉自己好像被灌注了许多力量，又可以心平气和地面对生活了。这便是故事的疗愈力量。

　　当下社会发展极为迅猛，人们很容易在奔波忙碌中遗失了自己，觉得自己已经丧失了存在的价值和生活的意义。他们诉说着迷茫和虚无、挣扎和无助、孤独和困苦，却遗漏了生命故事里诸多星星点点的闪光片段。实际上，只要我们能抓住闪光，只要抓住了价值与存在感，便能找寻到意义，然后积极乐观地活着。很多时候，我们只是生活在困惑之中，内在的资源与力量是一直存在着的，只是需要我们去将这种力量挖掘出来。而要挖掘这种力量，很多时候就需要故事的启发与引导。生活中有许许多多的故事，我们只要能从普通、平凡的故事中寻到生命的闪光点，从中找到另一个"自己"，便能重构自己的生命意义，找到存在的价值。同时，当我们处于人生的巨大悲痛中时，也许一个故事中的某件小事，或者是某句话，都会为我们带来启示甚至深刻的影响，进而使我们释然，从伤痛中解脱出来。

"自我"其实是在一次次生命的遭遇与经验中，靠着自身与他人，在社会、机遇的互动中，逐渐长出来的东西。而读故事就是让自己的生命在别人的遭遇与经验的碰撞中，生长出另一个"自我"来。本书选取了百余个极富有治疗心灵创伤作用的故事，为读者治疗心灵创伤，培养积极乐观的人生态度，从而开启人生的另一种可能性。

目　录

辑三 🌱 目标——指引生命的方向

辑四 🌱 梦想——装点人生的美妙风景

辑五 🌱 心态——成就未来的境界

辑十 ❧ 奉献——热心付出的快乐价值

辑十一 ❧ 智慧——呈现意志的张力

辑十二 ❧ 亲情——慰藉心灵的良药

辑 一

自律——遏制欲望的神奇力量

进入天堂的活人

曾有一位富家公子，高大英武，相貌出众，他与远房亲戚的女儿两小无猜，青梅竹马，自小时就定下了婚约。

但是快到了结发之期，这位公子忽然病了。他得了一种从来没有人听说过的病：自以为已经离开人世。

究其病因，他经常听老人们讲起天堂的故事，那里锦衣玉食，不用读书、不用劳作。这位公子生性懒惰，每天被家人敦促早早起来学本事，打理家业，内心十分烦躁。他便一心觉得越早死越好。日思夜想，不久他就以为自己真的死了。

得了这种怪病后，他的父母很担忧，他那位美丽的未婚妻也整日以泪洗面，无比伤心。亲人们苦苦诉求，说他还活着，可他无论如何也不信，还不停地说："你们快将我埋掉，我明明已经死了！"

家人请了很多大夫给他看病，医生们向他解释说话、吃喝、睡觉这些特征可以证明他还活着，他便绝食息语，家人们担心他真的会死去。

一位博学多智的僧人找上门来，说可以看好他的病。僧人详细问询病情后，答应七天之内帮他治好，条件就是医病期间僧人无论吩咐什么，家长都必须照做，不得起疑。

僧人来到公子的卧室，看到他后大叫："你们怎么把死人停在屋里？为什么不出殡？"此言一出，在场的人心里都七上八下，只有那位公子脸上绽出了微笑，说道："你们看，我说的是对的。"

他的家人听了僧人的话虽然惶惑，但是他们许诺过听从一切吩咐，家里上上下下便开始筹备丧葬事宜。

僧人要求把一个房间装饰成天堂的样子，墙壁上挂满纱缎，窗户封上，日夜点燃蜡烛。佣人们穿上白袍，扮作神仙。

得病的公子被放进棺材里，异常高兴，可是他因很少吃饭身体虚弱，很快就睡着了。醒来时，他发现自己在一个不认识的屋子里。并且有一群衣着不同寻常的仆人，手里捧着放满美食美酒和仙桃的金盘玉杯在一旁待命，他们告诉他这就是天堂，他兴奋地狂吃一顿，而后又满足地进入梦乡。

第二天，他醒来后，屋子里和昨天毫无分别，窗户紧闭，蜡烛一直燃烧着，没有昼夜之分，仆人们知道他醒了便送上和昨天一样的美酒佳肴。

他疑惑地问："你们没有其他食物吗？"

"没有，大人。在这里总是吃同样的食物，一直如此。"仆人回答。

他带着所有的疑问向仆人细细打听天上的情况，才恍然得知这里不存在时间，没有昼夜之分；这里也不须做任何事；由于距离遥远也不能去别处游玩；并且从此再也见不到家人朋友和爱人，而他们哀悼他后终将会快乐地继续生活，他的未婚妻也会另嫁他人。

听后他有点失落，感觉想做点什么事，却无事可做，想念他的爱人，又不知要等到什么时候才能相见，他忽然很怀念"活着"时的种种。

他太孤独了，终于悲哀到再也无法掩饰，他对一个仆人说："我现在明白了，活着不像我所想的那么不好。"

仆人见时机已到，便按照僧人预先的吩咐说可以带他回到人间，并给他喝下了使他昏睡的药水。

一觉醒来，他见到了日夜思念的亲人，还有活着才能看到的晴朗天空、照进窗户里的阳光。他突然幡然醒悟，对生活充满了劲头和希望。

小故事大道理

　　活着的人永远不会知道天堂是什么样子，但一心想进入天堂的人却很难发现活着的好，其实，我们就生活在天堂中，只不过要看你是什么样的心态，是勤奋、勇敢、乐观、进取，还是懒惰、恐惧、绝望、懦弱。天堂地狱，只在一念之差。

镜片里的世界

他出生于一个农民家庭，初中毕业就没再上学，而是在家长的安排下找了一份稳定的工作：在镇政府做门卫。对于一个少年来说，这份工作枯燥无味，但是他一待就是 60 年。他一辈子都没有离开过那个小镇，也没有换过岗位。

起初，刚上岗的时候，他也觉得太清闲，每天的时光都无聊虚度，他想必须给自己找点其他的事打发时间。

他开始打磨镜片，这可是个十分耗费时间的事情，但也是他选择的唯一业余爱好。

就这样，日复一日，当了 60 年的门卫，他磨了 60 年的镜片，而且每天都很细致、专注，锲而不舍。最后，他磨出的复合镜片比一些专业技师所磨的放大倍数还要高。不仅如此，在研磨镜片的同时，他竟向世人揭晓了一个微生物的世界，这可是当时的科学技术都没能做到的事情，那些伟大的科学家也是第一次知道还有一个如此广阔的世界。这全是他的功劳，一个磨镜片的看门人。

从此，他声名远播，并被评为巴黎科学院院士，可只有初中文化的他，对这个头衔毫无概念，只觉得它高深莫测。他的这一发现成为科学史上永放光芒的奇迹，为此，伟大的英国女王还来过小镇上专程拜访他。

他就是荷兰科学家万列文虎克。从仔仔细细地磨好每一块镜片，到成为大名鼎鼎的科学家，他用尽毕生心血，以几十年的不凡人生，向我们阐释了什么是细节，一切重在细节。

小故事大道理

当我们忽略一个细微之处的时候，可能就正在与一种伟大命运失之交臂。任何细节都不是平淡无奇，小细节蕴含大洞天，它是我们走向广阔未来的途径。

带来成功的问号

史蒂夫·乔布斯是家喻户晓的现代科技变革引领者。他一生成就非凡，但生前却不喜欢接受任何采访报道。在身患癌症后，乔布斯才同意让一位著名作家对自己进行专访，记录自己的生平事迹。

有一次，乔布斯被问道哪件事对自己的一生影响最大。他沉思了一会儿，笑着说："是两个问号，让它们长在心里，我才会一直不断积极进取。"

乔布斯说的两个问号，是他和养父间的一段往事。

还是孩子的时候，乔布斯和邻居家的伙伴们一起放风筝。不管他怎么奔跑，怎么收放风筝线，他手里的风筝总是飞不高。他想尽了所有办法，费了很大力气，但风筝到了他手里，总是飞得最低。

他气呼呼地回到家里，满脸不快，用力地把自己的风筝朝角落里一扔。

养父看出了他的不高兴，问清楚他生气的原因后，笑着摇摇头说："孩子，这又不是风筝的错，无论你怎么气急败坏地对待它也于事无补，你该做的是问问自己。首先问自己，为什么别人不能比你放得高？世界比你想象得要大得多，天外有天，人外有人，你应该坦然面对比你厉害的人，认输需要勇气。只要你有勇气，就能使自己心态平衡，用积极乐观的人生态度迎接属于自己的成功。然后你应该问自己，为什么自己的风筝会比别人飞得低？自己输在哪儿？是你跑得太慢了，还是风筝线不够长？一个原因不对，再找其他原因，直到明白失败的关键点是什么。只有冷静分析不成功的原因，想出解决的办法，真正认识自己，才能反败为胜，走出瓶颈。我想无论做什么事，你都应该问问自己这两个问题。"

乔布斯在自己的人生道路上不论遇到荆棘坎坷，还是鲜花掌声，他都用这两个问号拷问自己。这样，他既会保持内心的平静，也会永不停止探索的脚步。

> 勤学好问，不只是问师问友，还要记得问问自己，为什么自己没有做到最好？自己还能做得更好吗？拥有积极向上的心态，并认真分析不足的原因，你便能迎向最好的自己。

我不要变成乌鸦

读高中二年级时，由于学校迁到了县城里，离家较远，我便在学校住宿。我的宿舍——523有八个女生，可不知为什么，我和其他七位舍友总是矛盾不断，很不"合拍"。我难以接受她们的生活习惯，便提出自己的看法，可她们会惊人的一致反对，这种不约而同，经常让我"享受"到群起而攻之的特殊待遇。同时，凡是组织什么集体活动，她们都会结伴自行，而孤立我。

终于有一天，我和一位舍友因意见有所分歧，矛盾激化到了顶点，我们大吵一顿。我决定找班主任李老师诉苦，要求调换宿舍。李老师问我事情的原因，我激愤地说："我不喜欢那七个人，和她们生活在一起简直就是一种折磨。"我怨气大发，向李老师倒了一肚子苦水。

李老师听后，温和地笑着说："你们的纠纷让我想起一个故事，我讲给你听吧。"我愤慨地说："只要您允许我调宿舍，您讲多少故事我都听。"

故事是这样的：有一只经常搬家的乌鸦，它在又一次搬家的路上，遇到了一只燕子。燕子好奇地问："乌鸦姐姐，我听说你总是搬家，为什么你那么喜欢搬来搬去？不累吗？"乌鸦回答说："我搬家也是被迫无奈啊，因为不管我住在哪儿，周围的人都不喜欢我的声音，驱赶我。"李老师看着我，又接着说故事。燕子告诉乌鸦："如果你不改变自己的声音，无论搬到哪里，都不会受人欢迎的。"

我听后，感觉乌鸦的处境还真跟我的状况有点像，可我不满于做乌鸦。我怯声地问老师是否在影射我就是那只乌鸦。"不，乌鸦永远改变不了自己，老师相信你能改变自己，做一个受欢迎的人。"李老师语重心长地说。

走出李老师的办公室，我心情豁然开朗，顿觉格外轻松。那天晚上，我回到 523 宿舍，勇敢、真诚地对七位室友说："我很抱歉，以前的事我有很多做得不对的地方，请你们原谅。以后还请你们多多提醒，帮我克服自己的缺点和弱点。我一定会做一个受大家欢迎的人。"七位室友会心一笑，与我拥抱在了一起。

在以后的日子里，我常常主动去和她们沟通、交流，我们一起分享日常生活的点滴。我渐渐地融入了"523"这个集体。

高考后分手那天，我们 523 宿舍八个女生紧紧抱在一起，哭了好久……

试着改变一下自己待人接物的态度和方法，见贤思齐，改变自己的弱点，把自己最好的一面展现给人们，我们就能多受到一点欢迎，自己的世界也将更美丽。否则，我们会像那只永远令人生厌的乌鸦，无论搬到哪里也无济于事。

小故事大道理

我们往往认为很难改变别人对自己的看法，而让每个人都喜欢自己。的确，我们永远做不到让每个人都喜欢自己，但是在"不合群"、受到排挤时，我们是不是更应该反观、审视一下自我？

泥土背后的真相

20 世纪 80 年代的一个秋天，我和妻子应邀到中国香港，在一个研讨会上发表演说，会议的主题是"肯定自我"。由于这次是我们首次来访亚洲地区，我们决定加长行程，去泰国进行一次旅行。

抵达曼谷后，我们接受导游的建议先参观了市区内一些名声赫赫的庙宇。那天在导游的陪同下，我们走访了大大小小的庙宇，金碧辉煌的影像也不断回旋在我脑中。但不久之后，这些金光灿烂的影像就从记忆中淡去。

然而，有一座看似寻常的庙宇，却给我留下了无法磨灭的印象。

那座庙宇占地不大，但庙宇正堂安放着一座全身用黄金打造的实心佛像，通过导游的解说，我们知道它高有十尺半，重达2.5吨，价值更是不菲，竟高达两亿美元。当我抬头望着这尊慈善中带者肃穆的黄金佛像时，一股莫名的震撼不禁油然而生。

通过导游的解说，我们还得知佛像的背后有一段感人的历史。

那一年，泰国政府决定在曼谷市内兴建高速公路，道路经过的建筑都要按时拆迁，其中一座寺庙也因此被迫迁移。寺里有一尊体积庞大、重量惊人的土造佛像，主持只得派人将它放置到其他地点，可在搬运的过程中土皮出现了裂缝，更糟的是，此时又赶上倾盆大雨，寺内的和尚们为了保护佛像不再受到更严重的损害，便决定先将它放回原地，然后用大型的防雨罩盖上，以免大量雨水侵袭神圣的佛像。

那天傍晚，主持拿着手电筒，来到佛像前查看防雨罩有没有进水。灯光照到裂缝处时，忽然反射出一道奇异的光，主持趋前仔细检查后，发现佛像的土层里面藏有别的什么东西。他回房间取来了锤头和凿子，然后开始小心翼翼地敲打表面的土块。当第一片土块被敲落时，他惊异地发现一个金光闪闪的物体。主持叫来几个和尚帮忙敲落厚厚的土，费了好几个小时的苦功后，一座纯金打造的佛像赫然出现。

后来根据历史学家的说法，这座得以重见天日的佛像，是几百年前庙里的和尚为了避免战乱，才将厚重的泥土覆盖在珍贵的金佛表面。为了避免宝物被敌人掠夺，才有了泥土盖金的举动，但是那次战争中，庙里的和尚全部遇难了。不过值得庆幸的是，他们的功夫没有白费，这座堪称无价之宝的佛像被完整地保存下来。

飞回美国的途中，神像的故事在我心中挥之不去，我反复回味、思量着，突然清晰了一个想法：人生在世，其实我们都由于恐惧，给自己裹上了一层厚厚的土块，而土壳里那个金子一样的本质才是我们真的自我，就像那尊黄金佛像一样。

小故事大道理

人从记事时起，就学会了隐藏纯真的自我，将内心金子般的本质用泥土包裹起来，现在我们该做的便是像那位主持一样，拿把锤头和凿子，敲掉层层的土块，让纯真的本质拨云见日。

认识脚印

莱恩是一名研究植物的高才生，刚刚来到一家植物研究院实习。指导教授派他做了院里谁都不愿做的上山采集标本的工作。

有一天，已经时近正午，莱恩依旧大睡不起。教授很奇怪，敲开莱恩的房门，走进去，只见房间里堆了一地破破烂烂的运动鞋。教授奇怪地问莱恩："你今天不外出采集，找出这么一堆旧鞋做什么？"

莱恩打个哈欠，说："别人整天待在试验田里，每年一双鞋都穿不破，我刚来半年多，就穿坏了这么多双鞋，我再不省着点，就没钱买鞋了！"

教授听懂了莱恩对每天外出的抱怨，仍笑容满面地说："昨天刚下了一场暴雨。咱们去后院走走吧。"

后院是一片实验地，有一条通向田里的小路，没有铺设石板砖，路面十分泥泞。他们来到小路一端。

教授拍着莱恩的肩膀说："你说是做一天和尚撞一天钟好，还是做一个功德圆满的僧人好？"莱恩不解地望着他。

教授微微一笑："你昨天是不是也走过这条小路？"

莱恩说："当然。"

教授问："你能看到路上自己的脚印吗？"

莱恩更加疑惑不解了，他说："昨天我经过时，小路平坦干硬，怎么会留下我的脚印！"

教授大笑说："那今天你和我再走一遭，看能不能找到脚印。"

由于昨天那场大雨，小路上的积水虽已退去，但坑坑洼洼，十分泥泞。莱恩心想这样的路当然能看见脚印。只见教授已经大步向前走去，瞬时踩了两脚泥。莱恩犹疑地抬起脚，向小路迈出，发现自己的脚印是那么清晰可见。教授留下一串深深的脚印。跟在后面的便是莱恩深浅不一的印记。

教授回过头来，看着两排散落的脚印，收起笑容，意味深长地说："路越泥泞坎坷，脚印才越深啊！"

小故事大道理

只有勇于实践，去走没人走过的艰难之路，我们的感受才会深刻，脚步才会踏实，心灵也会变得强大。

人生的三段路

曾经，有一个人找到智者，抱怨说自己的生活太累，学习和工作的压力、家庭的负担、朋友的要求，等等，都沉重地压在他肩上，他觉得都快喘不过气来了。他问智者有什么方法能让他放下担子。

智者听完他的倾诉，给了他一个空布包，让他背在身上说："背着这个包，往山顶上走。但你每走一步，必须捡起一块石头放进布包里。等你到了山顶的时候，会找到自我解救的方法。去吧！去找寻你的答案吧……"于是，那个人开始了寻找解救之法的旅程！

他背上布包来到了山脚下。刚开始爬山时，他体力充沛，一路上蹦蹦跳跳，把自己认为最好的、最美的石头，都一个一个扔进背包里。他觉得每放进一点重量，自己就拥有了一件最美丽的东西，很充实，很快乐。于是，他在欢欣愉悦中爬完了三分之一的山路。

可是，空布包里的石头渐渐多了起来，布包也慢慢变重起来。但他很执着，给自己鼓劲儿一定要继续攀爬，到达山顶。

后面三分之二的山路让他吃尽了苦头，可为了寻求解救之道，他一如既往地前行着。但是为了不让背包变得更加沉重，他已经无暇顾及那些美丽、最惹人喜爱的石头，而是毅然决然地只选一些小而轻的放进包里。他突然感觉自己的生活经历也像极了这捡石头的山道，从儿时的无忧无虑到少年的初识愁滋味，他何尝不是在拾捡、选择、放弃像石头一样的生活之担，累了就放弃不必要的，因为想走完全程，到达山顶，就必须对路边迷人的事物进行选择。如果不顾轻重地只想得到，那他的人生不仅会越走越沉重，而且当前的岁月也蹉跎了。但是什么是该留下的？他思考着，背着重重的布包继续前行。

然而，无论他挑多么轻的东西放进布袋，肩上的重量也丝毫不少，只会越来越重，并不断加重，在抵达目的地之前，它都不会变轻，不管他是否能承受。他忽然很同情自己，想想曾经的抱怨，回首他迫于生活的重压而大口大口地喘气，但那就是生活，就像这通往山顶的路，但至少还有山顶，那里说不定真有什么奇方妙解在等着他。

他踏上了最后三分之一的路程，这时他知道离山顶已经不远了，他背着布包坚定地挪动脚步，他已经不在乎捡到的是什么样的石头了。他经历过了一路上所有的风景，收获过美丽的、喜欢的、需要的、轻巧的、笨重的。他已经无心挑选了，只要是在脚下、眼前等随手可及的地方，他便毫不犹豫地捡起放进背袋，用来见证他的最后一段旅程。

离目标越来越近，看着山顶，他双手向后托起布袋，进行了最后冲刺。终于，他站在了山顶上，他走完了全程，结束了这一场奋斗史！

他知道减轻生命重担的答案了吗？极目远眺，他莞尔一笑，对自己说："我不知道答案。但我已经不需要知道了。"

他很明了地下山回家，心中铭记着：我的人生就是一次旅程，它分为青年、中年、老年三个阶段。在第一个阶段，我无忧无虑，我捡石头也是单纯地因为它的美好；到了第二个阶段，我有自己的责任与担当，当捡起路边的石头时，我要保持清醒、理智的头脑；至于最后一个阶段，我收获的石头是那些随手可及的，那何尝不是最容易被人忽视的。

　　随着年龄的增长，我们必须学会承担起自己的责任，就像那一路的石头，只会一点点加重，可正因如此，我们的生活才有了分量，有了意义。到达山顶后，我们才会由衷地感到欣喜、骄傲，我们才知道：不苍白的人生就该这样度过，我们又何必为怎样减轻这沉重而苦恼呢？

寒夜里的美景

　　马上就要过春节了，晚上九点钟，我拿着辛辛苦苦打工一年攒下来的钱，迫不及待地赶往火车站。坐在候车室里，当我的手伸进内衣口兜里时，我的心空了，我腾一下站起来，可翻遍所有的行李包还是徒劳时，我整个人立刻瘫软在了地上——我要带回家过年的钱不翼而飞了……

　　我绝望地游荡在寒夜里的站前大街上，望着匆匆忙忙赶着回家过年的人群，我心里万念俱灰。那一刻我想到了返回火车站，但不是坐车回家过年，而是躺在轨道上，一死了之。

　　当我正走在死亡之路上时，看到一个正在打公共电话的男人，他奇异的外表让我分了一会儿神。这人身上穿着一件看不出颜色的、漏了好几个洞的棉大衣，他的行李也只有脚边一个脏兮兮的、破破烂烂的棉被卷，看来这个人混得比我还惨。我虽然身无分文，但穿得还整齐干净。

　　只见这人低着头，侧着脸，耳朵紧紧贴着电话，嘴里正在兴高采烈地对着话筒不停地说着什么，偶尔还会情不自禁地挥着手做些欢快的动作。

　　早早地提前赶往死亡的道路，我反正有的是时间，便一直在寒风中愣愣地盯着那个奇怪的人打电话。两个小时过去了，他仍然没有要停止讲话的意思，我想象着电话那头他满头银发的母亲、等他回家的妻子、活泼可爱的儿子，心里不由得有些羡慕，眼睛还泛起一阵酸涩。我忽然很想分享他的幸福，便带着一股冲动抬起脚走到了他身边。

正在打电话的他被我的脚步声惊动了，他惊慌地转过脸来看向我。那是一张胡子拉碴、干瘦、枯白，还带着几处疤痕的脸，眼睛也惶恐地躲躲闪闪，好像从不敢直视见人。

后来，他见我没有恶意，就咧咧嘴，转过头去继续说了一句："没事儿，我很好，放心吧！"他的嘴唇已冻得发紫并且不停地抖动。说完他便放下电话，拿起那个破破烂烂的行李卷，高兴地笑着离开了。原来我遇到了一个四处流浪、无家可归的人。他那通漫长的电话又是打给谁的呢？我纳闷地凑近电话亭一看，眼泪唰一下掉了下来……

原来那部电话根本就没有往外拨出过，在北方的冰天雪地里，整整两个小时，他竟然一直在跟自己说话！

12年过去了，我事业有成，家庭幸福。但我知道，我现在所拥有的一切，包括从那天起我以后的生命，都是那个给自己打电话的流浪汉给予的，他让我获得了重生，然而他却不知道。

小故事大道理

不要被一时的困顿打败，无论在多么艰难的境遇下，我们都可能被毁灭，却永远无法被打败。

明天快来

梁平是五年级的数学老师兼班主任。她刚刚大学毕业，就接管一个班级，确实是个不小的挑战，但一分付出一分收获，她的辛劳肯干换来了班里学生们的尊重与喜爱。但唯独有个特例，那就是周数。

接任班主任半年来，周数一直都令她很头疼。梁平对周数试尽了所有的办法，温声细语地谈心、大喊大叫地训斥，对周数都不起作用，而周数最惯用的一招就是在梁平面前痛哭流涕，让人觉得原谅他这次后他就能一改前非。可谁知，期望越高，失望越大，周数会照常不写作业、上课开小差，对每一位老师的批评无动于衷。大家都说他已经无可救药、破罐子破摔了！

后来，梁平也被他深深伤了心，束手无策的她渐渐对他失去了信心，很长时间不理会他了。

家长会上，梁平找到周数的爸爸单独谈了谈，对方说自己也无计可施，她的自信随之降到了谷底。她决定放弃了，尽管知道不该这么想，不过这也是她第一次有这样的念头。

从那儿以后，好几天梁平都不再管周数，任凭他不交作业，也从没再找他谈话，只是课上偶尔会注意到他举起的小手，点个名让他回答问题，也顺便了解一下他对知识的掌握情况。周六下午补课，放学后，梁平和孩子们一起打排球，周数好像总是特意围着梁平来回转悠。梁平看他一眼时，他便笑着说："老师，我也想跟你一起玩。"梁平冲他一笑，心中窃喜。

周一升完旗，梁平又找周数谈了一次，梁平没有多说什么，只是告诉他如何让老师愿意和他的学生玩游戏。周数看上去表情很平静，没有任何内疚和不自在。

下午放学后，周数交了数学作业，梁平看了，虽然作业错误百出，但没有找他说什么，只是写了一条不像评语的评语：老师愿意和你打球。

回家后，梁平忽然特别期盼明天的到来，她又给了周数一次希望，也给了自己一次机会。

小故事大道理

没有教不好的学生，只有不会教的老师。在老师努力教育的同时，我们是不是应该心怀希望，用行动争取每一次天天向上的机会？

胆小的兔子

兔子是出了名的胆小，稍有点风吹草动，担惊受怕就会像长在心里的草一样滋生出来。

有一次，兔子们聚集在一起开了个反思会。它们深深地被自己的胆小无能困扰着，它们为自己无法不担心生活的危险和恐惧而难过，悲叹自己竟是如此胆小。

会议慢慢进行着，它们越说越悲哀，它们认为自己之所以被称为兔子，就是因为一直这么胆小。就好像它们天生就是来面临生活的不幸，好像遭遇生活中的惊恐是它们兔子的天职。

活到了这种地步，它们越想越觉得生活无望。心中那些恐惧的祸根还在不停地作怪，抛出了很多负面的想象：它们哀叹自己天生不幸，埋怨老天没有给它们一双有力的翅膀，抱怨父母没有给它们高贵的出身，它们的日子只能在无休止的惊惧中度过。

想到自己就连安稳地大睡一觉也做不到，长长的灵敏的耳朵还会出来捣乱，它们的眼睛变得更加赤红了。仅有的长处却使它们越加自我厌恶，在对生活的意义彻底失去信心之后，它们绝望地决定：一死了之。

于是，它们一致决定跑向河边，投河自尽。它们来到河边，一些青蛙正在坝上蹲着晒太阳，青蛙听到紧急而不失节奏的脚步声，如临大敌，匆忙跳进深水里躲藏起来。

这是兔子们每次经过河边时都会发生的情况，但是今天，忽然有一只兔子好像发现了什么似的，指着那些青蛙大喊："我明白了！我们不用去死了！快停下来，你们看，还有比我们更胆小的呢！"

事情就是这么奇妙，听那只兔子一说，它们都感觉豁然开朗，自己好像充满了力量。带着那股喷涌而出的勇气，它们高兴地回家去了。

　　不管在什么样的逆境中，都不要埋怨命运的不公，实际上，我们永远不是最不幸的，那么多人都坚强地生活着，我们还有什么不可以呢？

与"卑贱"相交

　　吉姆毕业于一所在世界上都响当当的知名大学——哈佛大学经济管理专业，可他毕业那年，美国爆发了经济危机，各个行业都十分不景气。萧条的经济也导致大量人员失业在家，找不到工作，就连像吉姆这样以前备受欢迎的名牌大学生也面临着同样的命运。

　　吉姆在当时劳动力大量过剩的情况下，重整旗鼓，决定去一家小出租车公司应聘做出租车司机，同去的还有几位普通技校毕业的学生。出发之前，他邀请大学同学一起去应聘。但他们不仅没接受，还把吉姆的想法耻笑了一番。

　　他们说："我们可是哈佛的毕业生，怎么能把身份降低到技术学校的层次。"

　　"我们学的是经济管理，应该成为一名出入写字楼的白领啊，怎么能去做出租车司机这样低能的职业，太掉份儿，太丢面子了。"

　　最后只有吉姆一个"高才生"做了出租车司机，其他人都在苦苦地等待机会。

　　吉姆擅长经营管理，出租车公司老板在他的帮助下，生意做得十分红火。很快，他就凭借自己卓越的经营才能，被提拔担任了总经理。

　　几年后，出租车公司老板因为年岁已高，便有了退休的想法，可他的孩子中没有人愿意接替他这个只有十几辆车的小公司。他找到了吉姆，把公司以极低的价格转让给了他。

　　有了自己的小公司，吉姆决定放手一搏。他积极发挥经营管理才能，开源节流，购进新车。几年后，他的事业就像滚雪球一般越做越大，他已拥有一千多辆各类汽车，还建立了两家分公司。

谈到自己的成功经历，吉姆总是说：很多人做事之前，总是顾虑它是否让自己很丢人，从而忽视了事情本身的价值，而我只不过是没有对那一点价值视而不见，并且坚持积极争取。

当年那些嘲笑他的同学，天天奔走于各大写字楼之间，拼命地给别人打工。

小故事大道理

或许，我们的生活中有些东西很卑贱，但那只是人们妄自给它贴的标签。事物本身并无高低贵贱之分，它们都平等地具有自己的价值，关键是你值不值得它们把自己的价值发挥出来。只要你努力、坚持，它们就会给你机会与希望。

让恐惧摔落

在两座地势险恶的悬崖间，有一根独木桥，涧底水流湍急，让人触目惊心。

一天，一个盲人走到悬崖边，只听见滔滔水流声，看不见山高桥险。他独自一人，摸索着过了桥。旁边的人看到，大惊。

原来，由于这座独木桥所处地势太过凶险，长年不通人烟，可谓是过桥难，难于上青天，自古至今，无人敢过。在人们眼中，走这座桥甚至比走钢丝还要冒险。人们不知此桥是谁所搭，更不知道桥的对面，那些悬崖上的洞里都有些什么。

盲人走过独木桥了！他一时间成为远近知名的新闻人物。人们口口相传盲人的过桥壮举，很快他便名声大噪。

盲人成了人们纷纷追崇敬慕的勇敢英雄，名声还传到了皇宫里。皇帝命人赏他黄金白银、妻妾府邸，还派最好的御医给他治疗双眼。

盲人欣喜若狂，没想到自己的一次偶然之举，竟然有这么大的轰动效应。

果然，御医治好了盲人的眼睛。这时，有人提议让盲人再表演一次独过险桥，以作为他重见天日的纪念，并且这次回来，可以给大家讲述对面的情景。

虽然那次过桥后，人们已经见识过无数次盲人的过桥表演，但这次人们的热情格外高涨，盲人也毫不在意地答应下来。

终于到了约定的时间。这一天人们都早早地来到山上，等候盲人出场。

时间一到，只见盲人在几个耀武扬威的壮汉的护送下，乘着轿子出现了。在场的人都不约而同地退后一步，给这位过桥英雄让开通道。

他下轿走向悬崖边，人们都静默下来，只见涧底激流咆哮，两岸险峰矗立，一根光秃秃的独木横在峭壁间。如今的盲人不禁心中一惊，原来自己是在以身犯如此之险，凌空行进啊！他低头看看桥底，抬头望望险崖，闭上双眼，在人们期待的目光下，抬起右脚，开始过桥。

可他才走了几步，刚才看到的凶险之势接连浮现于脑海，挥之不去。盲人不由得开始心存担忧，忽然一阵恐惧向他袭来，脚一抖，他竟跌下万丈深渊。

小故事大道理

恐惧、害怕，多是人们受外界影响而生发出来的。走出已知的阴影，才能真正无所畏惧。

制造一笔奖学金

十年前的冬天，我经过学校的重重考核，终于如愿以偿赢得了去德国留学的机会。因为这个机会实在难得，所以我分外珍惜在德国的求学时间。周末的时候，我总是泡在图书馆看书，周围的外国朋友都觉得难以理解。他们不知道我经历了多少艰难困苦，才有了站在他们中间的机会。

寒假来临了，我没有回家，而是留在德国打工，希望第二年的学费有着落。学校的一位老师得知我的处境后，便特意找到我，并留下一个电话号码，对我说可以通过它申请奖学金，缓解一下经济上的困难。

我打通老师提供的电话，顺利地获得了申请表格。要想成功获得那份高额奖学金，还需要进行一次面试，我边打工边等待下一步程序。

一天，我忽然接到一位工作人员的电话，是关于我申请奖学金事宜的。他问我有没有策划大型活动的经验，如果有必须提供相关资料，他还告诉我这一点关乎着最终能否申请到奖学金。我小心翼翼地试探："这些证明资料的重要性大概是……""如果没有相关资料，那么获得这份大型公益活动提供的奖学金的概率将为零。"他不假思索地回答说。

我进入了两难境地，一边是从没有过策划活动经验的事实，一边是数额不小奖学金的诱惑。我拿着这个难题问国内的朋友，他们都毫不在意地说："这件事再简单不过了，花点钱伪造一下资料，就可以轻松制造一笔实实在在的奖学金。"

我也不想让机会白白溜走，最后在生存与学费的重压下，面对诚实与金钱，我动摇了，我伪造了一份证明书。

很快，面试时间来临。我犹豫着把假证明放在包里，决定随机应变，试图做最后一下挣扎。面试开始，根据声音判断，我发现面试官竟是给我打电话的那位先生。他微笑着问我，证明资料准备得怎么样了。这时，我心里的太阳出现了，"没有，我只参加过别人策划的活动，还没来得及组织人们参加我策划的活动。"我说。

他笑得更开心了，站起来，把手伸向我说："恭喜你，面试成功，稍后我们会把五万欧元的奖学金打到你的账户。"

我愣在那儿，一动不动，他友好地握住我的手说："这笔奖学金主要针对中国学生，却很少有人能获得，不是因为他们条件不够困难，而是他们不诚实。拿着假的证书来申请本可以属于自己的奖励，这样就不妙了。所以，取得奖励的唯一办法，不是制造证书，而是诚实。"

小故事大道理

　　诚实是高贵的品质，可在利益面前，我们有谁还在坚定不移地相信它的光芒，它的力量？诚实为人，不仅是对他人诚实，更是对自己诚实。

错失的一万元

　　一个乞丐每天都在想：我手里要是有一万块钱该多么好啊！

　　一天，这个乞丐沿街行讨，忽然看见一只小白猫。小白猫一身鲜亮的细毛，纯得挑不出半点杂质，很是可爱。它肯定是哪户人家走丢的，一看就不像只流浪猫，乞丐朝四周看看，发现没人，便将小白猫抱回了他简陋的房子里，用一条细绳把猫拴了起来。

　　这只猫的主人原来是镇上那名最富有的商人。商人发现自己的宠物丢失后，万般焦急，因为这是一只纯正的进口名猫。于是，他急忙派人到当地的电视台发了一则寻猫启事：如有拾到者请速还，必将重金酬谢一万元。他还让人在街上显眼的地方张贴了那张启事。

　　第二天，乞丐漫无目的地走在大街上时，看到这则启事。他欣喜若狂地跑回家，打算还回小猫领一万元酬金。可当他抱着小猫急急忙忙再次看到那张启事时，发现上面的酬金已变成了两万元。

　　原来，那位富商等了半天，见还没有那只名贵猫的下落，便迫不及待地派人，迅速将酬金改成了两万元。

　　乞丐狠狠揉了揉自己的眼睛，他简直不敢相信这是真的。他停了一会儿，脚步突然迈向了回家的方向，他心想：看来那位主人确实很看重这只猫，那么他肯定还会出更高的价钱，我为什么不等他将酬金再次提高后，再把猫送回去呢。

　　一想到自己将有不止一万块钱，虽然不知道具体有多少，但肯定会很多很多，乞丐兴奋地又将小猫拴了起来。

第三天，酬金数额果然又提高了，第四天又涨了，第五天……直到第十天，全镇的市民都对目前的酬金之多感到惊讶了，这时，乞丐才跑回破房子里去抱那只猫。可谁知那只可爱的小猫已绝食而亡了。竹篮打水一场空，丰厚的酬金变成海市蜃楼，乞丐还是乞丐。

小故事大道理

在我们的人生路上，会有很多美好而意想不到的东西与我们擦肩而过，不是因为我们无缘得到，而是我们的欲望总是无法满足。就如一位哲人所说：人的欲望是座火山，如不控制就会害人伤己。

第十枚金币

在一片美丽的国土上，人民生活祥和、安康，这片土地的一国之王也会感到十分满足吧。可事实却并非如此。

国王郁郁寡欢，对自己的生活十分不满。他自己也不知道为何拥有天下还总是若有所失。

一天清早，国王又彻夜失眠。百无聊赖之时，他决定到仆人居住的园子里随便转转。途经花园时，他听见有人高兴地哼着歌曲，便想去看看谁这么快乐。顺着声音，国王发现一个植树工满脸洋溢着幸福地愉悦唱歌。

国王很纳闷，将这名仆人招来问话："你为什么这么快乐?"仆人轻松地答道："尊敬的国王，我虽然只是一名栽树工，但我每天认真工作，尽我所能养家。我们现在有地方够大的茅草屋，衣食也刚刚正好，不用忧愁。我回家带一束花，妻儿也会很高兴，我的家人对生活这么满足，我还有什么理由不快乐呢?"

回到自己的宫殿中，国王将朝中最聪明的宰相招来，向他问询此事。

宰相恭敬地回答说:"陛下,那名工人如此快乐,是因为他还没收到九枚金币。""九枚金币怎么了?会有什么影响吗?"国王奇怪地问。宰相神秘地笑道:"陛下,要想具体地知道九枚金币的功用,请您将九枚金币放在袋子里,命人放在那名工人的家门口,您就能知道答案了。"

国王同意了宰相的请求,吩咐下人将装满九枚金币的布包,悄悄地放在了那个快乐的工人家门前。

植树工出门的时候发现了门前的布袋,他好奇地将它拿回家里。打开布包,他眼前一亮,先是诧异,然后狂喜:金币!我还从来没见过这么多枚金币!他满心欢喜,以为这是上天赐给他的礼物。

工人兴奋地将金币一枚枚拿出来,可拿到第九枚时,他认为应该还有一枚,无论如何也不应该只有九枚。于是,他不满足地用力抖抖袋子,可是再也没有多余的另一枚金币了。他一心想着:再加一枚才十全十美,老天没有理由只给他九枚金币!那最后一枚金币掉在哪里了呢?他四处寻找,翻遍了整个屋子和院子,可就算挖地三尺,也不见他心中那最后一枚金币的踪影。他精疲力竭,陷入深深的沮丧中,并痛下决心,今后要拼命工作,尽快攒够一枚金币,使他的资产达到十枚金币。

由于起早贪黑地辛苦做工,他每天心情都很低落,变得经常乱发脾气,对家人大吼大叫,责怪他们拖累自己,影响他实现拥有十枚金币的远大目标。他在国王的园子里埋头苦干,只想着多种点树,却丝毫没有察觉国王在暗中观察他。

国王看到从前快乐无比的植树工不再兴高采烈地自娱自乐,而是整天脸色阴沉。这像施了魔法的变化,让国王十分不解:得到金币,工人应该更欢喜才对呀!他派人速速将宰相招来,奇怪地询问原因。

宰相回答说:"是心中的贪念改变了他安乐的生活。他拥有了九枚金币,却毫不知足,所以卖命工作,就是渴望赢得那额外的一枚。"

小故事大道理

再多拥有一枚金币的欲望,使植树工忽略了生活中现有的财富,付出了失去快乐的代价。

辑 二

思维——通向真理的捷径

最明智的放弃

"世界第一交响乐团"，这是德国柏林爱乐乐团当之无愧的美誉。而每个音乐指挥家最大的梦想，就是能够成为这个乐团的首席指挥。

1992年，英国著名指挥家西蒙·拉特尔被这个乐团邀请担任首席指挥时，他却出人意料地拒绝了。他的理由竟是自己对古典音乐的理解还不够透彻，而柏林爱乐乐团以演奏古典音乐闻名，他担心如果自己担任首席指挥，非但不能带领乐团再创新高，反而会使它停滞不前甚至后退。"机会虽然好，但我自知能力不够，没有把握不如放弃。"他毫不犹疑地说。

其实拉特尔也很想担任乐团首席指挥这一职务，所以此时的拒绝并不意味着放弃。在谢绝邀请后，他付出了不懈努力，十年如一日，直到他对古典音乐有了透彻的理解，他对古典音乐的精湛指挥一次又一次令听众倾倒并震撼了世人，他才毅然地接受了2002年柏林爱乐乐团再次向他抛出的橄榄枝。因为他知道，凭借他现在的实力已经可以胜任这一职务。事实证明，柏林爱乐乐团在拉特尔的带领下，创造了演奏史上一个又一个奇迹。

拉特尔的放弃是多么现实和明智。他生动地为我们演绎了"放弃是为了更好地得到"这一哲理。当我们还没有实力去达到更高的目标时，无论你多么需要得到它，多么希望实现它，多么不舍得放弃，都应该放手，而后通过一个个小台阶，建造成熟的客观条件，再去追求。

小故事大道理

只有适时地放弃，才能升华自己，激励自己付出更多的时间与精力，去学习和吸收更多、更好的知识，最终获得更大的成功。

一场特殊的葬礼

今天我来到艾琳所带的班级考察她的工作成果。艾琳是一名非常有经验的小学教师，再过两年便要退休了，她也是我组织策划的全市教师在职训练的志愿者。这个活动的主要训练内容是通过一些积极的行动来鼓励学生，使他们对自己有信心，热爱生活与生命。参与活动训练的学员是将这一理念运用到实际中的实践者，而我的工作则是要定期查访并鼓励这些活动。

艾琳所在的小学四年级教室是个典型的小学生教室，教室里学生座位分成四排，每排有八个位子。教室的最前面是全体学生对着的讲台，上面放着老师的桌子，桌子前面的黑板左边是贴着学生作文的公布栏。大体看起来，这个教室和我以往所看过的差不多，但我刚刚走进来时，总感觉好像要发生一件不同寻常的事情。

我找到最后一排的一个空位子坐下来。每个学生都乖乖地坐在位子上，苦思冥想地考虑着什么问题，然后认认真真地写在纸上。我轻轻地问旁边一个小女孩儿，她在做什么考试题，"做不到，我要把自己认为'做不到'的事情记下来，可这不是考试。"她悄悄地告诉我。

她继续在纸上写道：我学不会织毛衣；我无法原谅弟弟惹我生气；我不会做两位数以上的乘法；我没办法让几米喜欢我……她非常认真地写着，一点也没有停下来的意思，虽然她已经填满了半张纸。

我沿着各桌观察每个学生，每个人都在纸上填写他们认为做不到的事。比如：

"我不会做全套的广播体操。"

"我做不到一场踢进五个球。"

"我无法早餐只吃一块比萨。"

这时，我对整个活动感到十分好奇，我走上前去想看看艾琳在写些什么。为了不打扰她，我轻手轻脚地走到她旁边，发现她正忙着记录：我无法允许彼得的父亲来参加亲子会；我做不到完全丢弃体罚的管教方法……

我有点担忧艾琳的做法会引导孩子放大消极的一面，而不去看积极的那一面，也就是"我可以""我相信"这一类，但我仍回到后面的座位继续观察。

大约十分钟后，艾琳指示学生将完成填写的纸张整齐地对折，然后交到前面。大部分学生填满了一张纸，有的还用了第二张。他们依次来到老师的桌子前，把"作业"放进了桌子上的空鞋盒内。

所有的学生返回到座位上后，艾琳把自己的也放了进去。她把盒子盖上，双手捧着，告诉孩子们可以出发了。艾琳带头走出教室，学生们跟在老师后面沿着走廊走，我也静静地尾随其后。

走到实验室时，整个队伍停了下来。艾琳吩咐班里个子最高的那个小男孩儿进去取出了铁锹。然后她捧着盒子，有的孩子拿着铁锹，在艾琳的带领下列队继续前进。

来到学校院子里最偏僻的角落后，大家开始挖掘。原来，他们打算埋葬"我做不到"。每个孩子都会轮流挖，整个挖掘过程缓慢地进行着，等到坑洞有五英尺深的时候，他们停下来，目视着老师把盒子稳稳地放进去，随即又依次用铁锹在盒子上盖上泥土。

29个十多岁的小孩，他们每个人"我做不到"的事情，都被深深地埋藏在泥土下面。孩子们手拉手围绕着这刚建好的"墓地"低头等待。

此时艾琳开口了："小朋友们，默哀结束，让我们致悼念词。"

"各位朋友，很感谢大家今天能来参加'我做不到'先生的葬礼。它生前参与并深深地影响了我们的生命。它的声名也很响亮，我们几乎天天把它的名字挂在嘴边，而且它的行踪遍布在各种场合：学校、公司、机关，甚至白宫。"

"现在，我们为它立下墓碑，刻上墓志铭：逝者已矣，来者可追，希望您的兄弟姊妹'我相信''我可以'能够发扬您的事业。也请您在天堂能够帮助它们像您一样功成名就，让它们对世界更有影响力。希望'我做不到'先生能就此安息，也愿它的死能鼓励更多人站起来，勇往直前。阿门!"

致"我做不到"先生的悼词结束后,我相信孩子们会永远记住这一天。艾琳老师生动地给学生们上了一堂意味深长的活动课。

小故事大道理

记下"我做不到"的事,然后埋葬它,让"我做不到"安息吧,让我们真心庆祝越过不自信的心结。遇到困难、挑战,积极地想出解决办法,毫无惧色地面对生活中的一切,从而获得自信、经验、力量,让所有梦想都开花。

三个二的成果

一个星期五的晚上,加拿大北方的一座小镇被飓风侵袭,造成20人死亡,几百万元财物损失。鲍勃途经小镇时,把车靠到马路边,下车看了看四周的情况。视线范围内,满眼都是倒塌的房屋和折断的树木,到处是一片混乱。看到这么悲惨的灾情,鲍勃并没有一直沉浸在难过中,他是无线电台的副董事长,拥有一个市区及周边的许多电台,他想利用自己所拥有的优势和资源,帮助受灾的人们。

星期六晚上,鲍勃回去后紧急召集大家,召开了一个研讨会,分享了帮助小镇灾民的心愿。他在会议室的黑板上并列写了三个"二"。他说:"我们利用两个小时想办法,在两天中筹到200万,去帮助小镇的灾民。大家都有什么办法呢?"会场一阵沉默。

终于有人开口道:"长官,你太疯狂了,这是一件无法办到的事。""等等,我们不是要讨论'能不能做到'或者'应不应该去做'。事情已经摆在眼前,我只想知道你们'愿不愿意'。"鲍勃回答说。

大家都不约而同地说:"去帮助受灾的同胞,我们当然愿意。"于是鲍勃在黑板下面又分两行写道:"为何办不到",还有"怎么去做"。他在"为何办不到"的一行打了一个叉,说:"去想为什么做不到已经毫无意义,我们没有时间做没有用的事,现在重要的是,我们应该共同努力想出可以完成目标的好点子，我们把可行的办法写下来，直到大家都有把握实现后才能离开。"又是一阵安静。

过了好久，才有人说道："我们制作一个关于受灾地区的特别节目在全国播放。"

鲍勃随手写下并说："这是个好想法。"很快就有人提出异议："我们恐怕还没有那么多的电台可以让节目在全国播放。"他们拥有的电台播放区域有限，这的确是个问题。

鲍勃坚持说："正因为有问题，才有解决的可能，维持原议。"这真是个难题，对于各区的电台来说，同行间的竞争很激烈。通常来说，是很难把不同地方的电台联合起来共同合作。

忽然有人建议："我们可以邀请广播界赫赫有名的一位权威人士来承包这个节目啊！"随后又有很多人积极地献谋献策，陆续提出很多令人惊讶的好点子。

讨论后，到了星期天，他们争取到五个区的电台同意播放救灾特别节目。此时人们只想着怎么能为灾民多筹些钱，竞争的利益也靠边站了。他们找到一位资深电视人承包了这个节目。最后他们募捐到了200万，过程就是，短短两个小时的节目，两天时间。

一切梦想都有实现的可能，只需我们把焦点放在"怎么去做"，而不是想着"为何办不到"。

小故事大道理

一切因"为何办不到"而停止前进的，都是在为失败找借口。真正的梦想只需要你"去相信"，思考"怎么去做"，然后用行动去实现。

拾荒者的转机

在这座城市里，他是一个再平常不过的拾荒者，每天戴着一个破草帽，骑着一辆三轮车，带上几个大口袋，早出晚归，走街串巷，拾捡路人丢弃的饮料瓶。一天下来，收入仅能维持一家温饱，自己却累得精疲力竭。他也感觉这样的生活不是滋味，想做些体面的工作，可他没有一技之长，除了捡破烂，还能干什么呢？

有一天，他照常行进在大街上，四处搜寻着那些瓶瓶罐罐。运气还不错，他收获了不少矿泉水瓶，外加几个易拉罐。他心想，这么精美的罐子，价格肯定低不了吧，谁知到了废品收购站才知道，一个易拉罐才几分钱。顿时，他感到十分失落，难以置信，这么漂亮的罐子，竟然就值这点钱！他有些舍不得，也有些心不平，于是，他将易拉罐挑出来，原封不动地带回家里。

回到家中，他剪碎其中的一个罐子，然后将其熔化冷却，他得到了一块铜钱大小的银灰色金属。他不知道那块金属是铁还是铝，但感觉质量还不错，不知道到底值不值钱。后来他找到一家检验中心，想要看一下它到底是什么材质。结果出乎意料，那是一种镁铝合金，在金属里算贵重的，市场价格竟达每吨1.4万元～1.8万元。

尽管那次检验花去了他半个月的收入，但他仍然十分高兴。在回家的路上，他心里默默地算了一笔账，一个易拉罐只能卖几分钱，一吨差不多有五万个，最多也只能卖两千多，而如果融化成金属就能卖到一万多，这之间的差别竟有六七倍。既然如此，为什么不把捡来的易拉罐熔成金属，然后再拿到市场上去卖个好价钱呢？

想好后，他说干就干，立刻找亲友们借了一笔钱，开始专门收购易拉罐，并建立了一个熔炼易拉罐的加工厂。为了有足够的货源，他跟以前那些拾荒的同行签订了长期合作协议，还将易拉罐的回收价格提高了一倍多。大家见有利可图，都欣然前往给他送货。在短短一年时间，他的工厂就融制出金属两百多吨，也获得了几十万元的利润，不但还清了借款，还有不少盈余。就这样，他从一个捡破烂者，凭借独到的眼光和营销智慧，一步步华丽地转身成为一个企业老板。

小故事大道理

换一个角度去用心发现别人想不到的价值，是实现梦想的加速剂，无奈的生活也会随之发生意想不到的转机。

山脚下也有星光

曾经，有个年轻人，他最大的梦想就是爬上当地那座高高的野山。山很险峻陡峭，并且草木丛生，没有路，但他并不放弃，自己努力开路。然而接连三次爬山，他都失败了。他决定再尝试最后一次。他设想爬山过程中会遇到的一切困难，并分别准备好了应对方案。他想这次肯定万无一失了，可就在他即将登上山顶的时候，却刮起了狂风，遇到这一突发情况，他不小心失足跌了下去。值得庆幸的是，他在树木阻力的保护下没有丧命，但可悲的是，他的腿摔断了。这意味着，他不得不跟那个梦想永别。

从那以后，他萎靡不振，感觉什么都索然无味。后来他遇到一位哲人，哲人问他上山的目的是什么，他说自己要体会成功的滋味，实现自己的人生价值。

哲人听了大笑："你看看你走过的路，就知道你所说的成功和价值是什么了。"

他朝山上望去，却发现，来来往往很多人上山下山，他们都走在自己开创的那条小路上。原来他给人们开辟了一条上山砍柴、打猎的便捷山道。

哲人继续说："成功各不相同，实现人生价值的方式也丰富多彩。你又何必苦苦执着于抵达山顶呢？你看看山下的石头，不要忽视脚下走过的路，既然到不了山顶，山脚下一样可以生发梦想啊。"

他恍然大悟。从此，他不仅走出了失败的阴影，还集资开办了一个石矿厂。后来，他成了远近闻名的采石专家，并带领那里的人们走上了致富之路。

小故事大道理

既然做不了太阳，就成为一颗星星，照亮浩瀚夜空。路很长，梦很多，实现梦想的道路上有很多客观限制，但时刻不要忘了脚踩踏实的土地。不要让梦想成为异想天开，要根据自己的能力和身处的环境，找到最合适的梦想。

找到最好的一只碗

忙碌之余，我置备好了厨具，准备自食其力。在这些厨具之中，最令人欣喜的成果要数那只最好的碗。

记得那天去店里买碗，我来到厨具区便寸步难移，走不动路了，眼前放满了各种各样，各个名号响亮厂家的碗。商品琳琅满目，眼花缭乱之余无从选择，我忽然想起一位长者说过的选好碗的方法：用两只碗轻轻相碰，如果发出的声音清脆干净，便一定是一只好碗。

我拿起手边的一只碗，挨个儿和自己相中的碗轻轻相碰，可一只不行，两只不行，三只不行……十几只还不行，发出的声音都沉闷、浑浊得很，我有点失望，心有不满地转身想走。老板见我把他家的碗几乎都细细看了个遍，就连货架上最贵、最精美那只都没选中，很是不解，他走上前来问我缘由。我将自己的选碗秘诀告诉了他，还开玩笑说他的货物质量都不过关。

"两只碗轻轻相碰，发出干净、清脆的响声，才一定是只好碗？"老板听后轻松地笑笑说，"那你拿这只碗按你的诀窍选选看，我保证你能选到很多你想要的碗。"我接过老板自己选好的那只碗，犹疑地和其他刚刚被淘汰的碗轻轻相碰，结果，每只都发出了清脆悦耳的声音。我百思不得其解，用惊奇的眼光向老板探问。

"你选碗的方法很好，但前提是你得拿一只好碗去和其他的碗碰撞，如果你拿一只低劣的碗去选，就算碰撞到的是故宫里的御用碗具，发出来的声音也照样是浑浊的。道理就是这么简单。"老板笑着回答说。

我恍然大悟。我们每个人不都像一只碗吗？在与人交往的过程中与选碗类似，只有我们自身真诚、宽容、善良，才可能遇到一颗同样美好的心；如果我们用猜疑、狭隘、戒备的心与周围的人相处，那么碰撞发出来的声音也必定是污浊不堪的。其实每个人都有善的一面，前提是我们有没有先将自己美好的一面展现出来。

我看青山多妩媚，料青山看我应如是。我们相信、尊重、帮助别人，也一定会得到别人的尊重、认可、信任；反之，我们对别人虚伪、嫉恨、猜疑，得到的也只会是猜忌、冷漠、虚假。

小故事大道理

　　我们内心阳光，外面的世界也会跟着明亮；我们心地阴暗，世界也会相应低沉。你若美好，便知最好。做最好的自己，希望大家都能找到最好的一只碗。

种下一个意念

　　他身材矮小，可是一下子从名不见经传的人物成为世界冠军。在东京国际马拉松邀请赛中，他的第一次夺冠令人难以预料。在接受采访，记者问他是如何取得这么惊人的成绩时，他不善言谈，只说了一句："用意念战胜对手。"

　　他的答案远远没有让那些记者满意，他们还不以为意地认为，这个矮个子的胜利是偶然事件，他的那句话也是在故弄玄虚。因为马拉松比赛是一项考验体力和耐力的运动，它不取决于速度和一时的爆发力，主要看选手的身体素质和耐性。而他却说什么用意念取胜，真是天方夜谭。

　　两年后，在意大利米兰举行的国际马拉松邀请赛上，又出现了这个矮个子的身影，并且他再次夺冠，成为世界冠军。这一次，媒体记者们又请他谈经验。

　　"用意念战胜对手。"不善言辞的他回答的还是上次那句话。那些记者们没有在报纸上再挖苦他，但对他所说的"意念"迷惑不解。

　　十年后，人们终于找到了这个谜底——他在一本自传书中写道："其实，我从来没有想过自己可以参加任何比赛。小时候我就比同龄人矮很多，我想自己永远都不会跑过别人，这使我很自卑。跟别人打架，逃跑后，别人在后面追，我总会自动站住抱头蹲在地上……爸爸知道自己的儿子这么没有出息后，难过得没有说话，可是第二天他就叫我起床，让我和他一起出去跑步。我迟疑地跟他出去，不怕丢人地慢跑在他后面，可这时爸爸忽然说我跑步的姿态很有马拉松运动员的气势。我从爸爸那里了解了马拉松这项运动，但我还没有完全相信他的夸赞。直到有一天，我再次和爸爸慢跑在公路上，跑了很久很久，到底跑了多远已经记不清了，只记得当时爸爸已经累得气喘吁吁，而我却依然劲头十足。我相信了爸爸的鼓励，立志要提高自己，成为他所说的马拉松运动员。而那次公路上的慢跑，我觉得毫不疲惫，也是因为我跑的时候一直在对自己说：奔跑，奔跑，我能行！"

小故事大道理

意念不代表成功，但能引领你走向成功。用自信鼓励自我，我们将逐步走向成功。坚信一个意念：我能行！

悬崖边上的抉择

一天，一位中医进山采药，不慎跌下悬崖。千钧一发之际，他被半山腰的一根树枝挂住了，他紧紧拉住那根横出的树枝，人吊在半空，危急之状可想而知。向前爬，山壁光秃高危，毫无出路，退一步又是未知的山谷。中医正不知如何是好，一位道士经过，指点他说："放！"

叫人跳下悬崖？中医一听，十分诧异。他心想自己为医半生，没有功德，也有苦劳啊，今日遇难，反遭道士诅咒，心中愤恨不已，可自己挂在树上，无奈别人却在一旁幸灾乐祸。他正想破口大骂，回敬道士，忽然心一紧，手就松了，他竟放开了树枝，继续坠落下去。

万幸的是，山下是一潭湖水，再加上第一次树枝拦截，缓冲了重力，中医放手后，顺势而下，竟然得以活命。

面对未知，我们每个人都会有对不确定的恐惧，就像那位中医一样。可回头已无路，待在半空中，也只有消耗体力，慢慢等死。所以最后的选择——跳下去，不一定能活，但也不一定会死，就成为硬着头皮向前冲的唯一路径。

人生中，我们有时可能会陷入进退维谷的境地，与其停在原地，不如养精蓄锐，然后放手一搏。因为既然选择，就已经没有返回去的可能，就算跳下去充满未知，毕竟还有一线希望。

往往很多时候，犹豫不决比放手一跳要消极得多。我们身边可能就有很多人，他们整日徘徊在犹豫彷徨的边缘，对生活唉声叹气，抱怨不已，又无心做出改变，就这样在愤愤不平的负能量状态下了此一生。这些悬挂在半空的人，最钟情于心的，便是哀怨无奈的表情，以及那些多余的自我借口，但人生苦短，他们始终拗不过生命的流逝。

假如每一次你做出决定时，都将之看作争取最后一线生机的行动，那这份勇气与果断，可以让你做到许多别人无法想象也无法做到的事。你有自己独立思考的价值观，你便会有一个自由、自如的自我世界，在那里你的思维可以自由驰骋。这也将会使你对人生有一个自我的精神认知，这种认知无关柴米油盐，但能使你的生命更强大。

小故事大道理

悬在半空虚度时间只会徒劳无用，不如趁意识清晰、体力尚可时果断放手，将命运掌握在自己手中。跳下去，可能会活得更好。

人之有别

伊诺和爱德华同时被一家超级市场雇佣。起初，他们都一心踏实工作，想着自己从最基层做起，好好表现，便会得到升职的机会。

不久后，爱德华受到总经理的青睐，一再被提升，从领班一直做到部门经理。伊诺却像被人遗忘一样，始终在原来的岗位上辛勤奔波。

终于有一天伊诺忍无可忍，他决定辞职另谋差事。伊诺向总经理交上辞呈，还不忘痛斥他的用人不公。总经理心平气和地耐心听着，他了解自己的这名员工，工作吃苦耐劳，但似乎缺少了点什么，缺什么呢？

那位总经理忽然友善地拍了拍伊诺的肩膀，说："伊诺先生，您的离开确实让我感到可惜，但我并不认同您的批评。如果想知道答案，那请完成一个您最后的任务，今天到集市上去看看有卖什么的。"伊诺愤愤不平地点头答应，便立即跑到集市上查看。

很快，伊诺从集市上跑回来，对总经理说："那里只有一个农民在卖一车土豆。""一车大约有多少袋，重多少？"总经理问。伊诺又跑回到集市上，回来说有16袋。"多少钱一斤？"伊诺再次跑回去。

伊诺气喘吁吁地跑回来，总经理告诉他可以先休息一下了，并吩咐给爱德华相同的任务。"请看看爱德华是怎么做的。"总经理笑着对满脸疲惫的伊诺说。

爱德华很快从集市上回来了，汇报说："只有一个农民拉着一车土豆在集市上叫卖，大概有16袋，价格还算合适，质量也不错，我带回了几个让你看看。那个农民家里还有几筐胡萝卜待售，据我看价格还适中，可以进一些货。同样我也带回了几个胡萝卜，而且那个农民也跟着我回来了，你可以随时叫他进来谈一谈！"

这时候，坐在一边的伊诺已经羞愧得满脸通红。

小故事大道理

想要获得成功，坚定的决心和辛勤的奋斗必不可少，但最重要的是我们要学会全面思考，聪明的人总能用自己的大脑深入思考问题，做到事半功倍。

一个故事的效应

上节课，老师给大家讲了一个小故事，说是身处地狱的人因为勺柄太长，而无法把食物送到嘴里，所以苦苦挣扎在痛苦中；而身处天堂的人们却知道相互喂食，从而他们吃饱喝足，都很快乐。这节课，一进教室，同学们就看到讲台上放着一盆水，还有两把柄长将近一米的勺子。

上课铃响后，只见老师指着讲台上的道具微笑着问大家："如果让你们用这个喝水，你们能做到吗?"

"能。"学生们不约而同地回答，因为他们上节课才听过包含答案的故事。

"好，那请这两位同学上来给大家演示一下。"老师找了两个学生上台表演。

两个同学拿起勺柄的一头，认真地从盆里舀满水，然后小心翼翼地往对方嘴里送。但是还没送到嘴边，勺子里的水已经洒在对方的身上，一滴不剩。原来由于勺柄太长，控制起来相当不易，就更别说让对方喝到水了。后来，全班同学都上台演示了一遍，他们用的是一样的方法，当然，也遇到了同样的结果，没有一个人如想象中那样，正常地喝到水。

课堂上，同学们几次哄堂大笑，可笑过之后都在等着老师给出的总结。老师站在一边，轻轻笑了笑，开口道："让我们试试靠自己的力量能不能喝到水?"同学们你看看我，我看看你，都满脸疑惑。只见老师轻轻拿起勺头的一端，而不是像其他同学那样拿起勺柄的那一端，很轻松地舀了一勺水，一饮而尽，没有浪费一滴水。

"同学们，你们明白什么了吗?"老师问。

"明白了，无论做什么事情，都要靠自己，不要总指望别人的帮助。"同学们大声回答。

"很好，你们都很聪明，"这时，老师又发话说，"但是我想，如果咱们上节课没有分享过那个故事，也许你们会和我用同样的方式喝到水，为什么听了那个故事后，大家反而不会喝水了呢?"

老师接着说："无论我们学习到的思想多么深刻，多么有意义，都不能用它们取代我们的独立思考。我们可以去感叹、去借鉴，但一定要转化为自己的思想，要灵活变通，别人的思想可以为我们锦上添花，但一定不能阻碍我们独立思考，具体情况具体分析，得出我们自己的认识。"

小故事大道理

　　只有把经验、知识、学问、道理等内化为自己思考的一部分，才是真正的掌握，才能做到真正的知行合一。

制胜的强光

　　第二次世界大战期间，苏联和德国展开了激烈的战斗，两国都紧守战线，严阵以待。

　　一天，苏联军方的统帅收到上级的秘密指令，要求他必须在一周之内对敌人发起偷袭，摧毁德军的防线，以配合其他战场上友军的作战。当时，德军的人数是苏联军队的一倍。

　　收到密信后，那位统帅立刻查天气预报，他想在一周之内找一个合适的战机，以取得偷袭胜利的可能。终于，他发现自指令下达后，一周内的最后一天的晚上是阴雨天，非常适合进攻，于是他将作战时间定在那天晚上。

　　可就在一切准备就绪，队伍即将出击时，那晚的天气却忽然由阴转晴。若在这个时候出击，一定会被德军发现。一旦早早被发现，就必须正面交火，可那无疑是以卵击石。

　　那位统帅知道偷袭时间已经不能再延迟，何况已经箭在弦上。他果断、镇定地问自己的同伴："我们选择夜晚攻击敌人的原因是什么？""因为天黑，德军看不清我们。"同伴回答。"那么只要我们想办法，做到让敌军看不清我们，我们不就可以出击了吗？何必非要等到晚上？""对啊！"在场的战士都茅塞顿开。

　　"但用什么办法呢？"那位统帅想了想，命令部下找来所有大功率的探照灯，然后命令冲锋队拿着探照灯集中在一起，打头阵。

　　凌晨一点钟，战役正式打响。突如其来的强光射向敌军阵地，照得他们什么也看不见，那是冲锋队同时打开的几百盏探照灯。那位统帅带领他的军队，趁德军还没来得及开枪时，一拥而上，最终大获全胜。

小 故 事 大 道 理

　　换一个角度，出奇制胜。只要懂得变通，就很容易找到不同的方法，取得胜利。

不一般的旅馆

　　在德国的一个公园里，躺着六根长三米、直径达两米的管道，那是公园前期施工遗留下来的。当时由于这些管道太重，没有来得及清运，就一直被留在公园的草坪上了。这也成了园长弗莱德的一个难言的心病。谁知，慢慢地，这些管道竟成了一些流浪汉的栖身之处。

　　可那些流浪汉不仅只是在这儿睡觉，他们还制造了大量的垃圾，有时竟为了抢夺"地盘"大打出手。天长日久，这里竟成了露天垃圾场。为此，弗莱德总要调用大量人力物力清理。更恼人的是，公园里的治安隐患也日益严重。

　　起初，弗莱德让保安把那些住客"请"出去。可过不了几天，他们就会相继返回来，依旧把家安在那些管道里。为了彻底消除烦恼，弗莱德决定找人移走这些笨重、巨大的管道，给公园创造一个整洁清净的环境。

　　那天，他走在公园里，看到一个有趣的现象：两个工作人员在一个横向的灯柱里进进出出，忙得不亦乐乎。那个空心灯柱横放在公园中心，要两人合拢才能抱住。弗莱德走上前去打招呼时，发现灯柱的直径也差不多有两米。工作人员指着大灯柱开玩笑说："我们经常来这儿干活儿，它就像一个流动的房子，要是有一张床，就足以暂时住在里面了。"

　　"流动的房子？那我也可以变废为宝，让那几根管道发挥移动房的作用呀。"想到这儿，弗莱德立即掉头回办公室，他开始全力构想下水管道房子。

下水道旅社建成了。每个房间里，床、桌子、凳子、炉灶、卫生间等一应俱全，还配置了电脑，可以随时上网。而且，这里远离闹市，环境清幽。下水道旅社成为公园里的一道奇特的风景。

弗莱德还发明了奇特的入住方式。那里不设前台，客人入住前必须通过网络预订。成功后，会收到写有房门密码的短信。当想入住时，只要对着特制的石门输入密码，便会把门打开。更有新意的是，管道房间的价格，全凭客人自己的意愿，想付多少便付多少。事实上，人们每次付的钱都超过了管道旅馆的平均成本，并且还超过了普通旅馆的价钱。

由于人们对环境新鲜感的极限时间一般是三天，时间再长一些，人们便会对所处的氛围感到厌倦。弗莱德据此推出了"限住令"：每个定房者一次最多只能住三天，之后必须离开。

很快，这座奇特的旅馆就受到了人们的青睐，前来参观入住的游客络绎不绝。它为公园迅速提高了名气，使它成为城市的地标。弗莱德也因此收获了一笔丰厚的奖金。

小故事大道理

思路决定出路，世界上并不缺少珍奇异宝，只缺少发现的眼睛。灵活转换思路，再没用的东西也会发挥出它有价值的一面。

扎根自己的土地

他的父亲是一名犹太商人，长着浓密的大胡子，魁梧强悍，而他天生瘦弱多病，性格孤僻，并因此沉默寡言，多愁善感，他总喜欢一个人躲在角落里发呆。父亲认为他懦弱胆怯，一无是处，在他父亲的眼中，只有那些敢说敢做，能言善辩的人将来才会有出息。为了按自己心中的目标培养儿子，他的父亲经常用皮鞭把他赶出家门，强迫他出去与人交际，让他做自己非常讨厌的事情。

起初，他也曾试图改变自己，并为达不到父亲的要求而难过，想让自己做一个父亲看得上的孩子，可是，性格中天生的孤独使他无论怎么努力，都无法做到口若悬河，英勇神武。他发现自己在同龄人当中是那么格格不入，他觉得自己一无是处，那段时间，他自卑到了极点。

他挨过了父亲的严厉和粗暴，但那样的生活让他更加惶恐不安，他甚至变得比原来还要胆小、懦弱。看到他毫无长进的样子，父亲彻底放弃了栽培他的想法，索性让他自生自灭，不再管教。他已坚信自己的儿子是一个无可救药的懦夫，不会有什么前途。

父亲的一次次伤害使他学会了察言观色。他承受和忍耐着生活的痛苦，也从中体味到了人生的无奈。为了减少受到伤害，他经常自己一个人躲在屋子里，小心地审视周围的一切。这种困囿自我本性的生活经历可能很常见，但对有着孤独本质和艺术天赋的他来说，这成为他独特的内心体验。

在困惑与伤痛中，他慢慢地长大成人，与小时候相比，他依旧是那么内向、敏感、柔弱，性格没有丝毫变化。但出人意料的是，他打破了父亲认为自己无能的看法，他顺利地考入了大学，并最终获得博士学位。

更令人难以相信的是，他因一次偶然的机会，走上了文艺创作的道路，并且声名远播。回想童年的悲惨经历，那些不幸好像散发着不一样的光芒。正是那些艰难困苦让他找到了属于自己的表达方式——写作，并深深扎根于自己的土地。谁能够说内心的孤僻不是上帝赐予的另一种才能呢？他把自己的生活体验融入作品之中，开创了文学的一片新天地，他就是世界级文学大师弗兰兹·卡夫卡。

小故事大道理

苦难可以成为我们向上的动力、资本，但我们并不感激逆境，而是要感谢自己对所适合的土壤的不懈追求。

辑 三

目标——指引生命的方向

一只手也能鼓掌

她从小患有小儿麻痹症，看着别的孩子快乐地蹦来蹦去，跑来跑去，她却连正常的走路都困难。这种寸步难行的"与众不同"，让她养成了悲观、孤僻的性格。她不会在意医生的治疗建议，不会跟自己的父母多说一句话，更不会接受朋友的靠近。当医生对她说多做运动对她恢复健康有好处时，她会像没听到一样，置之不理。而且，随着年龄的增长，她的自卑和孤僻也与日俱增。

但上帝不会放弃任何一个孩子，她也找到了一个生活中的好伙伴。那是一个失去一条手臂的小男孩，小男孩天性乐观，他们一起聊天、玩耍，总能忘记很多痛苦。

有一天，她坐着轮椅和小男孩一起到附近的幼儿园玩，教室里孩子们动听的歌声打动了他们。当一首歌唱完，男孩说："我们为他们拍手鼓掌吧！"她吃惊地看着独臂的伙伴说："我手臂动不了，你只有一只胳膊，怎么拍手啊？"小男孩对她笑了笑，解开上衣扣子，用一只手热烈地拍起了胸膛……

那是一个秋末，风中已有几分寒意，但她突然觉得有一股暖流在自己的身体里涌动。小男孩憨笑着对她说："只要努力，一只手也可以拍得很响亮。你一样能站起来的！"

晚上回到家里，她让妈妈写了一张纸条，贴到自己卧室的墙上，上面写着这样一句话：一只手也能鼓掌。

从那之后，她开始主动配合医生的治疗，无论多么艰辛和疼痛，她都咬紧牙关，坚持做运动。她要努力让自己站起来。每当进步一点，她又会付出更加艰苦的汗水，以求得更大的进步。甚至家里只有她一个人的时候，她会扔开支架，试着自己走路……

蜕变的过程是痛苦的，牵筋扯骨的疼痛深入骨髓，但她坚持着。她相信希望就在前面，自己肯定能像其他人一样走路、奔跑。她想行走，她想奔跑……

十岁时，她终于扔掉支架，她又给自己树立了更高的目标，并顽强地向着目标努力奋进。她开始练习赛跑和篮球运动。

1960 年罗马奥运会上，她进入了 100 米赛跑总决赛，并以 11 秒 18 的成绩第一个撞线，在座的所有人都站立起来，他们为她喝彩、欢呼，齐声高喊着她的名字：威尔玛·鲁道夫。

小故事大道理

不论遇到什么不幸，都不要绝望，哪怕只有一只胳膊；不论遭遇多大困境，都不要丢弃梦想，哪怕失去腿脚。

有没有足够的柴火

一个年轻人为自己的人生树立了很多目标，他豪情万丈地开始为自己的目标努力奋斗，但在残酷的现实面前，他总是遇到无法解决的烦恼，最后一事无成。他郁郁不得志，便跑上山去请教一位隐居的教授。

他找到正在茅草屋里读书的教授，苦苦倾诉了一番。教授听完，放下书，来回踱步，然后停下来，请他先帮忙烧壶开水。

他看见屋子一角的小火灶上，放着一只大水壶，可是没有柴火。他往水壶里打满水，便出去找柴火。

不一会儿，他就拿着一些干柴枯叶回来了，他把柴火点燃，放进小灶里，然后放上壶开始烧水。可最后柴火都用完了，水还是没开，因为那只水壶太大了。他不气馁，随后又跑出去找柴火。

可等他回来后，发现那壶水已经变凉了。这次，他没有忙着烧水，而是聪明地跑出去，继续找干柴。最后，他用准备充足的木柴，烧开了那壶水。

教授忽然问他："如果必须烧开那壶水，而山上没有那么多干柴，你怎么办？"

年轻人想了想，摇摇头，表示不知道。

教授说："要是那样的话，让水壶里的水减少一些，不就可以了吗？"

年轻人低头沉思，而后又抬起头，好像明白了什么。

教授笑笑，接着说："这只大水壶如果装满水，你就必须有足够的柴火把它烧开，否则，你要不就出去花时间准备柴火，要不就倒出一些水。这跟你遇到的问题是一个道理，你踌躇满志，给自己定下了大量的目标，要想全部实现，就像要烧开一满壶水一样，或者你必须准备好足够的知识与能力，或者你可以减去一些目标。"

年轻人恍然大悟。回去后，他把自己所定的目标认真地筛选了一下，只留下近期内可以实现的几个。同时，他还每天抽出时间学习各种专业知识。瞬间，他感觉轻松了许多，而且信心满满。几年后，那位年轻人已经实现了自己大部分的目标。

小故事大道理

删繁就简，把目标一点点实现，才能顺利抵达终点；万事记心，只会身陷忙乱，最后一事无成。在一步步向前奋进的时候，也不要忘了加柴点火，让走向成功的路途更平坦。

预见三年后的自己

1988年的冬天，我27岁，坐在一个机关部门的办公室里准备会议文件，并兼修着单位提供的计算机课程，学习、工作、看书几乎占据了我全部的时间。纵然忙于其间，但只要有多余的一分钟，我总会一心投入我的文学创作上。

这期间我认识了一位难得的笔友，他的理性世界是我所欠缺的，我们互相交换作品，做出评论，一起提高创作水平。

一个星期天的下午，我们一路闲谈着去书店买书，他知道我对写作的热爱，然而，面对遥远的作家梦，以及那光怪陆离的文学世界，我总是望而却步。那时我们正走在城镇的小路上，他突然冒出一个问题：你三年后会在做什么？

还没等我反应过来，他认真地重述道："告诉我，你心目中最希望三年后的你在做什么，你希望那个时候的生活是什么样子？你要想好了再说出来。"

我沉思了几分钟，开始告诉他：

第一：三年后我希望能有一本很有价值的书在市场上发行，可以受到很多人的喜爱。

第二：我要认识更多有思想的作家朋友，能天天在书香四溢的环境里工作。

他会心一笑说："你想好了吗？"我稳稳地点点头，他接着说："好，既然你确定了，我们倒着做一下计算。"

"如果第三年，你要有一本好书在市场上发行，那么在第三年里一定要与一家出版社签上合约。"

"那么你的第二年一定要有一个完整的作品可以拿给不同的出版社对不对？"

"那么你的第一年，一定要有很棒的作品开始动笔了。"

"那么现在的你就完成手头上的事务，把将要开始的书的题材、主题构思等准备好。"他微笑并不失坚定地说。

"对了，你还有第二个打算，你想要生活在思想者的环境中，与他们一起探讨、创作、采风是吗？那么你现在不应该蛰居在这个闭塞的小镇上了。"他玩笑似的补充说。

1989年，我辞掉了安稳的公务员工作，舍弃了手头上的繁杂、庸碌的事务，全身心投入自己喜欢做的事儿中。

人生就是这样无巧不成书，但不是在第三年，而是四年后我的第一部作品终于出版了，也受到我想要对话的人的喜爱，我也离开了那个小镇，搬进了一座知音较多的城市。

在我的人生之路上每当我不确定下一步该走向何方时，我都会静默下来问自己一句：你想三年后的自己是什么样子？

如果自己都不敢或不自信能预见三年后的那个自我，还能指望谁为你预知未来呢？反思自我，坚定地知道自己想要什么的人，才会掌握命运与未来！

小故事大道理

从本质上去思考、认知自我，未来才掌握在你手中，否则你的生活就会在不自觉中浑浑噩噩，平庸虚度。

你尽力了吗

在英国剑桥大学的一间教室里，一位德高望重的教授正在向他的学生讲下面这个故事：

有一年冬天，猎人带着猎狗去打猎。猎人一枪击中了一只兔子的后腿，受伤的兔子拼命地逃生，猎狗在其后穷追不舍。可是追了一阵子，兔子跑得越来越远了。猎狗知道实在追不上了，只好悻悻地回到猎人身边。猎人气急败坏地说："你真没用，连一只受伤的兔子都追不到！"

猎狗听了很不服气地辩解道："我已经尽力而为了呀！"

兔子带着枪伤成功地逃生回家后，兄弟们都围过来惊讶地问它："那只猎狗很凶呀，你又带了伤，是怎么甩掉它的呢？"

兔子说："它是尽力而为，我是竭尽全力呀！它没追上我，最多挨一顿骂，而我若不竭尽全力地跑，可就没命了呀！"

教授讲完故事后，又语重心长地向全班同学说道："如果有人能背诵出《圣经·马太福音》中第十五章到第十七章的全部内容，我将满足他一个在我能力范围内可实现的愿望。"

《圣经·马太福音》中第十五章到第十七章的全部内容有上万字，而且生词较多，要全部背诵下来，无论对于谁来说，都有很大的难度。

尽管请求这么声名在外的老师实现自己的任何一个愿望，是许多学生梦寐以求的事情，有很大的诱惑，但面对如此艰巨的任务，几乎所有的人都望而却步了。

数天后，老教授的课结束时还不到下课时间，教授又抱着一丝希望询问那天的问题有无结果。这时，一个陌生的男孩站了起来，他自信满满地走到讲台前，从头到尾，一字不差地将文段按要求背了下来。

众人听着他一字不落、毫无差错、声情并茂的背诵，都难以置信地顺着声音不停翻阅《圣经·马太福音》。

那位教授比任何人都清楚，就算在自己的同行中，也鲜有人能流畅地背诵出这些篇幅，何况是这个没怎么见过的年轻人。老教授一边感叹那位学生惊人的记忆力，一边惊讶地问："你是怎么背下来这么长的文字呢？"

男孩毫不犹疑地回答说："我竭尽全力了。"

五年后，那位男孩成为世界上最富有的人之一。

其实我们每个人都有无限的潜能。一位心理学家曾指出：一生中，一个普通人的潜能仅仅开发了百分之二到百分之八左右，就连像爱因斯坦那样伟大的科学家，也只开发出了百分之十左右。一个人如果开发百分之三十的潜能，就能够背诵300本教科书，可以完成15所大学的课程，还会掌握二十多种不同的语言。也就是说，我们一般人还有百分之九十的潜能处于沉睡状态。

小故事大道理

一切皆有可能，如果你想要创造奇迹，只是做到尽力而为还远远不够，必须竭尽全力才能实现。

一线生机

在第二次世界大战中，一架飞机由于机械故障迫降在太平洋上，机上四名飞行员只能乘坐充气的救生船逃生。

在经历了九死一生后，他们很快发现自己身陷困境。汽船上的食物和水有限，只能支撑三天，更不妙的是，他们没有指南针和地图，在无边无垠的太平洋上，无疑这就意味着继续等死。

有限的食物和水即将用完，面临死亡的威胁，他们在求生的本能下使出了各种能够想到的办法：钓鱼充饥，收集雨水解渴。他们像被上帝遗弃了一样，只能靠这种最原始的生存方式苦苦坚持着，就这样，他们竟然在海上度过了一个多月的时间。

然而，时间一天天过去，他们依然在大海上漂泊，丝毫看不到陆地的踪影，获救的希望难道就这样被漫无边际的海水淹没了？

这时，三名飞行员奇怪地看到另一个同伴将手指伸进海水里，蘸湿后放到嘴里品尝，并且每隔一段时间就尝上一两口。"可怜的索爱科，如果你实在饥渴难忍的话，这里还有一点儿水。"一个同伴无精打采地说。

索爱科轻轻一笑说："不，我还能忍受，我想应该还有一线生机。"

又是几天过去了，仍然没有奇迹出现。他们求生的意志也被无情的海水一点一点吞噬着，他们已被折磨得身心俱疲，求生的信念越来越薄弱。三名飞行员对获救已不抱任何幻想，他们静静地等待着死神的到来，只有索爱科还在不停地浸湿手指品尝海水。

太阳又一次升起来了，索爱科忽然兴奋地大叫起来："伙计们，我们就快看到大陆了！我们有救了！"

"索爱科，你是在说梦话吧！""不，他已经疯掉了！"其他同伴有气无力地说。

"不不，是真的，并且我很清醒。"索爱科激动地说，"从昨天开始，我就发现海水的咸味变淡了，现在这里的海水咸味更淡了，这是因为有河水流入冲淡了咸味。我敢肯定附近就是陆地！哈哈，我们不用死了！"

果然，顺着前面的方向一直漂流，三天后他们就看到了一条大河奔腾着从陆地流入大洋。索爱科凭着坚强的意志，发现了一线生机，他们得救了！

身临绝境，我们需要做的不是一味地听天由命，而是凭借自己的力量，反抗绝望，顽强地寻找一线生机。

从不告诉他

我的儿子基尼降生时，他的双脚向里弯弯着，短短的小腿好像要藏在身体里。我是第一次做爸爸，觉得他的样子很别扭，但后来才知道这意味着小基尼先天腿足畸形。医生说他经过治疗可以正常走路，但几乎不可能像常人一样跑步。

佩带支架、石膏模子，基尼在三岁前一直在跟治疗械材打交道。经过按摩、推拿和锻炼等不间断的治疗，他的腿果然渐渐康复。八九岁的时候，他已经能像正常人一样走路，并且他的腿让人完全看不出有过什么毛病。

要是走得远一些，比如去动物园或去游乐场，小基尼会因为双腿疲劳酸疼而叫苦抱怨，这时我们会停下来休息一会儿，哄着他吃点零食，聊聊玩过的和接下来要玩的。我们并没告诉他，为什么他细弱的腿会这么轻易酸痛，我们决不会说他的腿有先天畸形。我们不告诉他，所以他不知道。

幼儿园里小朋友们做游戏的时候总是跑来跑去，毫无疑问小基尼会兴奋地加入跑闹之中。我们不会不允许他和别的孩子一样跑来跑去，我们从不会说他不同于那些孩子。我们不对他说，所以他不知道。

五年级的时候，基尼决定参加学校里的长跑比赛。他每天和同学们一块儿训练。也许是意识到自己跑步比别人差一点，他开始比任何人都刻苦地训练。虽然他很努力地向前跑，却总是最后一个到达终点，但我们并没有对他说这是为什么。我们从不对他说放弃吧，根本没有成功的希望。比赛的前五名可以获得参观白宫的机会，我们没有告诉基尼这是奢望，所以他不知道。

他每天坚持训练跑五英里。我永远不会忘记那次发着高烧的他，在跑道上坚持不懈的身影。那一天我和妻子都为他担心，我们盼着学校会打来要求接他回家的电话，但是这个想法彻底落空。放学后我来到运动场，以为基尼会因为我的到来而放弃继续训练，但他仍坚持一个人沿着长长的跑道冲刺。我开着车慢慢地跟在他身后，我问他感觉怎么样，他气喘吁吁地说："还好，只剩下最后两英里。"

他满身大汗，因为发烧失去了光彩的眼睛一直看着前方，坚持着跑下去。我们没有对他说发着高烧不能继续训练，我们从没有告诉他这样不行，所以他不知道。

两个星期后，比赛如期举行，长跑队的前五名诞生了。基尼是第五名，他成功了。获奖的学生中只有他是一名五年级的学生，其他人都来自八年级。我们从没有对他说不要期望获得名次，我们从不告诉他不要梦想成功。是的，从没说过……所以他不知道，但他却做到了！

小故事大道理

成功来自勇敢面对，更来自坚持成功的信念。

种子的渴求

很多年前，考古学家在发掘古墓时，在一片碎木下发现了一些植物种子。探测结果显示它们已经被尘封了上千年，可经过栽培，那些种子竟然生根发芽了，并且今天还在茁壮生长！我们很多人不就像这些神奇的种子，当他们认识到自己的潜能时，就会走出失败和绝望的幽暗阴影，心怀希望的种子，带着自信，冲破逆境与不幸。

伊诺沙从小被认定为差等生，她小时候不会算数和写作，就连专家们也断定她智力低弱。升到中学后，她又得到一个绰号：无可救药的坏女孩。她还因违反法纪被送去教养所禁闭两年。可就在那个糟糕到令人不可思议的地方，伊诺沙开始发奋学习，她每天都坚持看书16个小时。天道酬勤，两年的离校没有影响她高中毕业。

但不顺接踵而至，苦难的双手伸向了她的家人。离开教养所后伊诺沙失去了她最敬爱的祖母，父亲面临破产，她自己也在一场车祸中变成了盲人。接二连三的打击蚕食着她好不容易找回来的自信，她所获得的一切好像就这么轻而易举地被摧毁了。但她没有在悲惨的现实面前屈服，在亲人的帮助和支持下，伊诺沙重新振作，将所失去的又都争取了回来。

在极度拮据的境况下，伊诺沙投身于慈善事业。她靠着微薄的收入，资助了三个患有先天性心脏病的孩子。这期间她开始自学一些医学课程，最终她考入一所市级医学院。

毕业那年，已经成家的她自信满满地走进毕业典礼会堂，在接过那张医学博士的证书时，她流下了藏在心里十几年的热泪。她用自信和坚韧向世界宣示：任何一个渺小的生命，只要坚持一个光明的理想，敢于追求，他就一定能到达远方！

一颗种子尚有那么执着的追求，何况我们人类，面对生活，我们还有什么理由不坚强！

小故事大道理

珍视你的梦幻与憧憬吧，因为它是你心灵的结晶，是你成功的蓝图。

死亡给出的目标

本来，他的生活一切美好，一家三口，懂事的儿子刚刚大学毕业，可世事无常，不幸就像晴天响雷一样打在他家屋顶。

那天，他照常上班，同事递给他一沓纸，是前几天单位组织的体检报告结果。他本想同以前一样随便翻看一下，放进抽屉里，可在中间一页上几行加黑的字体把他惊住了。"……有多发、形态不规则大型肿块……请及早确诊进行治疗……"

几天后，妻子陪他来到医院，诊断结果出来了：胰头颈癌！晚期！存活率——百分之零！

医生告诉他妻子说，他最多活不过三年，不用花冤枉钱住院，可以用一些药物维持，好好珍惜生命中最后的时刻吧。

突如其来的灾难让家里的爱更加浓厚。妻子为了照顾他，提前办了退休，虽然工资少了很多，但她愿意一直待在丈夫身边，陪他走完最后一段路程。儿子也将生活重心从创业转到了他身上，好在有限的时间里尽上自己的孝心。

疾病不仅没有打败他，还让他觉得自己必须因此好好生活。他不想死，也不想及时行乐，他不再忧虑生活里的一切，他只顾生命的唯一目标——对抗病魔。

时间慢慢地流逝着，尤其是生命走到了最后，时光更不经用。很快，四年过去了，他竟活过了那个三年之界。

几年来，长期服药，能明显减轻恶心、呕吐等症状。但对于自己多出一年的生命奇迹，他更多的是将其归功于自己的锲而不舍，一家人的团结一心。同样，他们感谢上天的宽限，欣慰地更加积极生活。

有一次，他遇到一位刚出国回来的医生朋友，说起自己的病情以及被延缓的"死刑"，朋友难以置信，并建议他做深入检查。在家人的陪伴下，他半信半疑地来到另一家医院。结果却让他们大吃一惊，他得的是慢性胰腺炎，四年前是误诊！

好消息来得太突然，甚至远远超过那声惊天响雷。四年来，他坚持、努力、反抗，虽然永远少不了爱的温暖，但他生活的重心完全是抗拒病魔。这是他与生活战斗的目标。但是现在，那个病魔却消失了，或者说从来没有存在过，他的一切付出与努力都是多余的，无用的，白白浪费时间的。

可以继续活着，本是多么神奇的恩赐。但四年来生活前后改变的落差，也让他不自觉地走向了一条不归路。

在儿子忙于办理状告医院误诊事宜的时候，他忽然失去了四年来强烈的求生欲望，不知道活着是为了什么。

小故事大道理

他没有信心再让自己坚持生命，因为生命中已经缺少或者消失了一个误打误撞闯进他生活的东西——目标。

密林里的宝箱

帕帕里斯的丛林探险小队不幸在密林里迷路了，他也可怜地病逝，长眠在大森林里。他曾许诺过探险成功后将给其他三名队员以丰厚的犒赏，可现在任务还没完成，他这个队长却一命呜呼了。其他三人面临着生死未卜的命运。

不过，在探险中他曾找到一个宝箱，在生命即将结束时，他才拿出那口宝箱，交给他的队员们并严厉地交代说："你们把这个箱子送到考古学家博纳教授的手中，你们会得到应有的报酬。但是在这之前一定不能打开箱子，否则我的灵魂将会永远不安地跟随你们。看好箱子，一定要看好，我保证你们按我说的做，会得到比金子还要珍贵的东西，我用生命保证，一定会得到。"

埋葬了队长帕帕里斯以后，其他三名队员就上路了。但神秘的大森林好像没有尽头，脚下的路也越来越难走。三人孤独地行进在幽谧的密林里，饥寒交迫，他们皮包骨的肉体已经疲惫得失去了重量，他们的力气越来越小，那个箱子却越来越重。但想到帕帕里斯队长用生命发出的誓言，他们不得不一路扛着那只沉重的箱子，踉踉跄跄地往前走。

他们像挣扎于可怕的噩梦中，身陷泥潭而无力走出梦境。他们在孤寂恐惧中，不知道自己疲惫的身躯还能支撑多久，但那只箱子是实实在在存在的，他们把它当成唯一可以指望的目标，希望得到一生都没见过的比金子还要贵重的东西。他们互相监视着，谁也不许打开这只箱子。在最艰难的时候，他们看看这只箱子，生命便有了坚持下去的勇气，否则他们早就不想再继续煎熬着活下去了。

终于有一天，真正的希望出现了，他们走出了茂密的大森林，历尽千辛万苦，他们终于活下来了。三名队员急忙把箱子送到博纳教授那儿，迫不及待地想看看自己应得到的，比黄金还要贵重的奖赏。可博纳教授却一脸茫然地说："我什么都没有，帕帕里斯也从来没给过我什么宝贝，或许箱子里有你们想要的答案吧。"于是当着大家的面，博纳教授打开了箱子……看到箱子里所谓的"宝贝"后，在场的人都傻眼了，那只是满满的一箱木头！

"真是见鬼了，开什么玩笑？"一个队员吼道。

"一堆没用的木头，一分钱都不值！我们上当了！"另一名队员愤怒地嚷着。

这时，还有一名队员一声不吭，他想起了在密林中一路走来，他们看到的一堆堆尸骨，那些都是因为没有走出森林而丧命的人，他想到如果没有这口箱子，他们或许早就倒下去了……他站起来，大声对其他人说道："队长没有欺骗我们，不要抱怨了！我们已经得到了比金子还要珍贵的东西，那就是生命！"

小故事大道理

　　智慧的队长在生命即将结束的时候，同样也体味到了生命的真谛，他把这一体悟聪明地传递给还有希望活着的人，便给了他们继续活着的目标和希望。

别无选择的时候

他是一名来自中国上海的留学生，刚刚踏上澳大利亚这片陌生的土地。由于家里经济拮据，出国费用已是东拼西凑，所以初到异国他乡，他不得不马上打拼奋斗。

为了解决温饱问题，他必须尽快找到一份能糊口的工作。刚来到这里没几天，他便借来一辆自行车，然后沿着环澳公路一直走走停停。替人放牛、割草、收玉米、洗碗……只要能挣一口饭吃，他就会停下疲惫的脚步开始干活。

在一家中国餐馆打工时，他从报纸上看见了一则招聘启事，那是澳洲电讯公司发布的。他担心自己的英语不地道，也没有很深的专业背景，便选择了一个比较好学的职位去应聘：线路监控员。

他通过重重关卡，终于到了最后一轮面试环节。与部门主管谈好薪资后，心想着明天自己终于就可以正式工作了，不料那位主管却出人意料地问他："你有车吗？开车还熟练吧？这份工作需要时常外出，没有车简直干不了。"

澳大利亚公民普遍拥有私家车，大多数都以车代步，无车者实为罕见，可他初来乍到，衣食还成问题，更何况一部车呢，他属于正宗的无车族。可这份工作对他来说太重要了，为了争取到这个职位，他顿了顿，然后不假思索地回答："有！会！"

"三天后，你可以开车来上班了。"部门主管说。

在短短的三天时间里，买一辆车，还要学会熟练地驾驶，谈何容易，但为了生存，他没有其他的选择，只得硬着头皮想尽一切办法，给自己开创出一条路。他从一位华人朋友那里借了钱，然后从旧车市场买了一辆二手车。然后，他开始利用三天的时间努力学习开车。

第一天他请求华人朋友教给他简单的驾驶技术；第二天他找到一片广阔的草坪，在上面进行模拟练习；第三天他可以开着车上公路了，虽然车子总是走得歪歪斜斜。就这样三天过后，那家电讯公司了解到他卖力学开车的事情后，果断接纳了他。在此不久，他顺利地考取了驾驶证。时至今日，他已经成为澳洲电讯公司的业务主管。

小故事大道理

如果他当时选择了放弃，可能他还在奔波于各大服务场所，刷盘子洗碗，攒钱学习生意经。值得奋勇前进的大好机会是自己争取的，更是对自己不留后路的自我挑战。

看得起自己

他从小家境贫寒，非常自卑，总觉得自己处处不如别人。在学校里，他走路时总是低着头，遇到一些流里流气的顽皮学生，他更像耗子遇见猫一样，慌忙逃躲。尽管如此，那些人还总是无缘无故地欺负他。可怜的他只是畏惧，不敢还手。他是别人眼中的出气筒，他在心里也常常问自己：我什么时候能勇敢一点，强过别人呢？

有一天，老师带着全班同学外出秋游。他们来到一位刚收完玉米的农民伯伯家学习劳动技能，他们的任务便是剥掉玉米的外皮。老师为了激励大家，让他们进行比赛，看谁剥的玉米最多。

站在同学中间的他心里一阵渴望，他从来没有拿过第一，那一刻得到第一名的念头，出现在他的脑海里。他下定决心，一定要剥得最多。

他很快就学会了怎么剥玉米，而且剥得非常认真，一个接一个，一个小时过去了，他还没有停下来，剥得几根指头红红的。结果，他剥了 200 个，是全班孩子里剥得最多的。当老师宣布他是第一名时，他高兴极了，那是一种充满成就感的快乐，这种体验深深刻在了他的心里。

也就是从那时起，还不到十岁的他意识到自己的生活已经焕然一新，充满希望。那个第一名使他一下子明白了，再困难的事，只要肯做，就一定能做好。从那以后，遇到自己喜欢的事，无论有多少艰难险阻，他都会努力去做，他坚信自己一定能做好。

果然，在坚持不懈的努力中，他一路向前：计算机本科毕业后顺利地考上了研究生，获得硕士学位后又攻下了博士学位。更重要的是，他的数项重大发明，极大地促进了计算机科技的进步。

如今，当年自卑懦弱的他成为一名计算机领域优秀的科学家。他说自己成功的秘密就在那 200 个玉米中，任何时候都要看得起自己。

小故事大道理

看得起自己，是一种自信，更是一种勇气，它会支撑你付出行动，最终成为想象中有实力的自己。

没人能拖累你

一天，一位朋友来找我。他满面愁容地向我倾诉自己的不如意。他说自己的搭档极其糟糕，总是拖他后腿，每次任务下来，其他组早就完成了，他自己也已经做了大半，可是搭档还没开始。因此，他总是被搭档拖累而受到上司的批评。

我听后笑了笑，给他讲了一个自己的真实故事。十几年前，我转正成为一名人民教师，而与我搭档的一位女教师，虽然已经有三年教龄，但为人散漫不负责任，完全不把心思放在教学上。

当时我教的学科成绩提高很快，但是我们班的综合成绩却远远落后。学校领导为此狠狠地批评了我，想想那位懒散的搭档，我愤愤不平，却又束手无策。

一天，我闷闷不乐地在街上闲逛，不经意间遇到四个女孩子在玩丢沙包。其中，一个胖胖的女孩子每次都跑得很吃力，总是还没往返两次，就被沙包丢中，淘汰出局了。这时，与她同组的另一个女孩子总会尽力接住沙包，给同伴再次上场的机会。要知道接沙包比躲沙包可难多了，随时可能既没接住沙包，自己还被判下场了。

我好奇地问她："和你一组的人这么差，你怎么还玩得这么高兴呢？"她微笑着对我说："我的同伴的确躲得不够快，但是如果我不和她搭档，就没人愿意和她一起玩，同时，她们都觉得我玩得最好，她们也不愿意单独跟我玩。"我望着她在两个丢沙包的孩子间不停地来回穿梭的身影，好像明白了什么道理。

回到学校后，我更加卖力，孜孜不倦，终于使我们班的综合成绩提高了很多，并且得到了领导的表扬和同事的肯定。

我告诉朋友：相信自己！没有白付出的辛苦，只要努力，就一定会有人知道！

后来，有一次我接到朋友的长途电话，他说自己已经被提升为事业部经理了。

小故事大道理

没有差劲的伙伴，只有不努力的自己。用行动展示你的实力、你的自信。也只有努力，才能获得别人的肯定，让人知道你可以！

地震带来的奇迹

刚刚十岁的舒蓓拉神经系统出了问题，疾病使她日渐衰弱，而且使她的手脚活动起来都很困难，她无法走路。医生对于她是否能够重新站起来并不抱很大的希望，他们让舒蓓拉的父母做好准备，说她很可能余生都将在轮椅上度过。

但这个小女孩并不因害怕而退缩，她躺在医院病床上，向任何一个友善、鼓励自己的人发誓：我一定会再站起来走路的！

她被转诊到一所专门治疗神经系统疾病的医院，在那里，医生给她用尽了所有可能的治疗方法：物理治疗、复健治疗、运动单元。对于这些适用的疗法，舒蓓拉都全力以赴地配合，医生们深深地为她坚强不屈的毅力所折服。最后他们教她运用想象力：想象自己可以走路，并真实地看到自己的四肢在运动。医生们认为即使想象对舒蓓拉的疾病不起什么作用，至少能给她希望，使她在病床上无限期单调枯燥的时间里，能有些积极向上的想法，心中透进些亮光。

有一天，她再次竭尽全力想象自己可以下地，然后慢慢挪动双脚时，似乎奇迹真的发生了！

舒蓓拉躺着的床开始轻微晃动，并且逐渐变成在房间里来回移动。她大叫："快看！快看！看看我！我动了！我可以动了！"

当然，医院里每一个人都失声大叫起来，纷纷寻找房间坚挺的角落地带。大家在尖叫，吊瓶掉下来摔碎了，窗户的玻璃也碎裂了。这是预报中最近会发生的轻微地震，但医生们没有告诉她真相，并配合地表示很是吃惊，她相信自己真的做到了！

后来，短短几年的时间，舒蓓拉又回到学校上课了！她靠自己的双脚站起来了，不用拐杖，不用轮椅。

小故事大道理

那次震动，与其说是舒蓓拉的想象，不如说是大地为她强大的心灵和坚强的意志而撼动。

假如掉进热水里

一个女儿满腹牢骚地向父亲倾诉她生活中遇到的各种不顺，抱怨为什么事事都那么艰难。面对接踵而来的重重问题，她不知该如何应付，无休止的反抗和奋斗已经让她筋疲力尽，她想要自暴自弃了。

开了一家小饭店的父亲看着厌倦生活的女儿，一言不发，直接走进了厨房拿出三只小电饭锅。他先往三只锅里倒入一些水，然后通上电将水烧开。随后他拿出一些胡萝卜、鸡蛋和磨碎的咖啡豆分别放进三只沸水滚滚的锅里。看着热水中的三样东西，父亲还是一句话也没有说。

女儿不耐烦地咂咂嘴，想不出父亲在做什么。等到大约十分钟后，只见父亲把火关掉，然后把胡萝卜、鸡蛋和咖啡分别放进三只碗里。做完这些后，他才转过身看看女儿问道："亲爱的，你看见什么了？"女儿不解地说："就一根胡萝卜、一个鸡蛋、一碗咖啡呀。"

父亲让她走过去，摸摸那个胡萝卜，她纳闷地用手摸了摸，发现它已经变软了。父亲又让女儿剥开那个鸡蛋，她依照父亲的话将鸡蛋壳打破，注意到熟了的鸡蛋凝成了固态的。最后，父亲让她品尝了香浓的咖啡。喝完咖啡，女儿笑了。她悄悄问道："爸爸，这是什么意思?"

父亲坦然一笑解释说，刚刚的开水就是它们遇到的逆境，可境遇相同，三者的反应却有很大的差别。

放进沸水前的胡萝卜坚硬挺拔，一副毫不示弱地样子，可遇到开水后它就变弱了，整个都软了下来。鸡蛋原来只有薄薄的外壳保护着，是易碎的，但是经开水一煮，它的内部变成了坚韧的固体。而最奇特的是咖啡豆的粉状颗粒，遇到沸腾的开水后，它们不仅没有发生变化而且还使水变得香甜可口。

"在生活这锅开水里，你想成为什么呢?"他问女儿。

小故事大道理

当逆境敲打我们的心门时，我们会有什么反应?是像外强中干、遇到困苦后就软弱无力的胡萝卜，还是内心原本摇曳不定但可以锻炼得坚强的鸡蛋，或者是自己坚定不移，去改变带来痛苦的水的咖啡豆?祝你在最坏的环境里做最好的自己。

梦想——装点人生的美妙风景

寄存梦想

曼陀迪是一名退休的小学教师。有一次在整理储物室里的旧物时，她发现一沓语文试卷，上面有一个作文题目：我有一个梦想。

她意外地发现当年同学们稚嫩的梦想，竟然还安然地躺在自己家里，并且一躺就是30年。

曼陀迪坐下来认真地翻阅那意外的发现，她很快便被孩子们当年五彩纷呈的梦想给迷住了。有个叫大卫的小男孩说，他未来要做一名潜水冠军，因为有一次他在游泳池里不小心喝了两升水都安然无恙；还有一个小家伙说自己的梦想是成为英国首相，因为他可以快速并准确地背出英国30个城市的名字；最让人惊叹的是一个叫彼得的盲童，他写道，自己将来必定是英国的内阁大臣，因为英国内阁里面还没有出现一名盲人大臣。孩子们在作文中都将自己的未来进行了千奇百怪又充满希望的设计。

曼陀迪读着这些作文，她突然冒出一个念头：把这些梦想重新发到孩子们手中，让他们重温一下30年前憧憬未来的自己，看看30年后，"未来"的自己梦想实现了吗？现在过上了自己当年所想的生活吗？想到这里，曼陀迪几乎再也抑制不住那股冲动的力量，顺着内心的召唤，她立刻行动起来。

曼陀迪联系到一家报纸媒体，说明想法后，双方一拍即合，报纸为她刊登了"还梦"启事。没几天，书信便从四面八方的城市飘向了这个英国小乡村。

从当年同学们激动的来信中得知，他们有的成为商人、教师、学者，有的进入了政府部门，他们都表示，很想知道自己小时候写下的梦想，并且很想收到自己的那份试卷，曼陀迪一一按地址给他们寄了回去。

半年后，曼陀迪家里仅剩下彼得的"梦想"没人索要。她想，可能这个孩子已经遭遇了什么不测。毕竟 30 年过去了，30 年的时间里可能会发生很多事。

就在曼陀迪放弃等候，准备将它送给一个喜欢私人收藏的朋友时，她收到了内阁财务大臣哈里斯托的一封信。信中说：那个叫彼得的孩子就是我，感谢您还保存着我们儿时的梦想。不过，我已经不需要那份试卷了，因为从写完的那一刻起，我的梦想就长在了心里，我从未忘记过。现在，可以说我的梦想已经实现了。一路上，我懂得了，只要一直保持着追逐梦想的心，饱满的梦想之帆就一定能抵达美好的远方。

小故事大道理

有梦想，就要把它种在心里，但要时刻牢记，时常浇灌。保持一颗热切的心，去创造、追逐，直至梦想花开。

女孩的梦想之光

13 岁时，洛丽塔卖出了一万美金的蛋挞，帮妈妈实现了环球旅行的梦想。

在她七岁时，洛丽塔也有着小姑娘的害羞腼腆，可她后来竟变成卖饼干的高手。这一切都起始于她丰盈饱满的梦想。

对于洛丽塔和她的母亲来说，环游世界是她们共同的梦想。洛丽塔的父亲在她三岁的时候就抛弃了她们母女，之后，洛丽塔的母亲便努力工作养家糊口。有一天母亲对她说："虽然做服务生挣钱不多，但等你大学毕业后可以赚钱时，我们一定能够攒到足够多的钱去环游世界。"

将梦想牢记于心的洛丽塔，在 13 岁时从一本杂志上看到：出售蛋挞最多的孩子可以带另一人免费环游世界。她决定尽全力卖出活动提供的蛋挞，她要赢得比赛，实现自己和妈妈的梦想！

但仅有想法是不够的，为了实现愿望，洛丽塔知道她必须有个计划。

洛丽塔的老师向她建议："首先衣着打扮要合宜，穿上带有活动标志的制服，显示出生意人的专业精神。然后在合适的时间去推销，一般可以定为晚上人们下班后。最后要有足够的热情，尤其是在去公寓的住户家里推销时，一定要面带微笑，不管他们买不买，你都要很有礼貌。请他们为你的梦想投资，而不是仅仅只让他们买你的蛋挞。"

参加活动的孩子都想环游世界，或许他们也都有自己的计划，但只有洛丽塔每天放学后都会穿着专门的衣服，随时随地且坚持不懈地推销蛋挞，请人投资她的梦想。她会笑着对开门的人说："你好！我有一个梦想，你愿意投资我和妈妈环球旅行的梦想吗？订购一些蛋挞吧！"

那一年洛丽塔卖出了最多的蛋挞，并赢得了免费的环球之旅。从那时候开始，她又卖掉了三万多盒的蛋挞，并被邀请到全国各地的销售大会上演说，分享自己不平凡的经验。此外，她的经历还被制成电影放映，她还同人合作出版了与销售相关的畅销书。

世界上有不计其数的人都心怀梦想，与他们比起来洛丽塔并不很聪明，也不见得更优秀。差别在于洛丽塔发现了梦想的秘诀，那就是需要、需要、再需要。许多人还没开始就失败了，因为他们没有足够强烈的实现梦想的欲望。与洛丽塔相反，不管我们销售的东西是什么，我们总是在被别人拒绝之前就先否定了自己，只因为我们害怕被拒绝。

在实现梦想时，我们少不了别人的给予，但在向别人提出需求之前，我们需要勇气，勇气不仅是不恐惧，更是尽管内心害怕，但仍然相信这是对的事情，并坚持去完成。正如洛丽塔所体会到的——只要你的需求足够强烈，你就能够得到你要的东西，并且还能从中获得更多乐趣。

小故事大道理

"世上无难事，只怕有心人"，洛丽塔生动地为我们阐释了它的深意，只要你的想法够强烈，就没有到达不了的远方。实现梦想更是如此，只要你想，只要你敢，只要你的梦想够坚定。

梦想需要什么

凌晨五点，马克·奥特开车时睡着了，车子飞出马路，撞在一棵树上。在接下来的半年时间里，他不得不停止一切活动包括上学，住院静养。此时，马克有充足的时间回望自己 19 年来走过的路，自己的生命得到了什么？思考生命，这是学校的教育从来不会指引他的。出院的那一天中午，他回到家竟发现母亲昏迷倒地，她是因难以承受生活的烦闷而喝药意图放弃生命。马克再次体会到正规教育的缺陷，它从来不会教给人们如何处理生命中人际及情绪方面的问题。

后来的一段时间里，马克每次想到母亲就总会不由自主地思考生活究竟出了什么问题，慢慢地他酝酿出一个想法：开展一套教给学生独立思考自我价值感，使他们学会处理人际关系及生活应急事件的课程。马克开始研究这样的课程应包含什么内容，这时，他看到一份报社调查报告。报告中显示，在受到访问的 100 名 25 岁人员中，有超过 85％的人回答，学校教育没有教给他们走向社会生活所需要的技能。当被问到他们希望过去能学到什么技能时，93％的答案是如何处理人际关系——有什么技巧和同事甚至合租者和谐相处？如何找到工作而且不被炒鱿鱼？遇到冲突时该怎么办？学校里学到的和现实中所见不同怎么办？如何了解、教育自己的孩子？如何管理财务及生活和学习中如何做出有意义的判断、选择。

马克做出了自己成熟的设想：开创一套传授解决以上问题的技能课程。受到此想法的激励，马克停止了大学的学业，为了搜集资料，确立课程内容，他开始奔走在美国各个中学访问学生。他用同样的问题调查问询了全国 200 所中学的 3000 名学生：列出你希望在学校或家中被妥当处理的生活中十个首要问题；如果让你设计一门能够帮助你解决以上问题的课程，这个课程应该包含哪些内容？

受访的学生背景悬殊，有的来自贵族的私立学校，有的来自市内的种族区，也有的来自乡下或郊区，但他们的答案竟十分相似：孤单及讨厌自己位列问题的榜首，而他们希望学到的技能也和那些25岁的受访者所列出的一样。

在调查访问的六个月里马克大多时候都睡在车上，每天只有十美元的生活费，他不得不靠压缩饼干来果腹，有几天他甚至没东西充饥。马克几乎没有任何资源，但他对自己的梦想非常执着。

马克走访考察后的第二步就是列出一张美国横跨教育界、心理界、商界的顶尖教育家及领袖人物名单。他准备登门拜访名单上的每个人，请求他们对生活技能课程给予指教和支持。这些人非常感动马克所做的考察工作，但他们所能提供的帮助却微乎其微。

他们都认为马克太年轻了，并劝告他继续大学学业，然后进修硕士，拿到学位才可能有资历自办培训课程。马克的梦想被那些社会精英泼了冷水，但他却毫不动摇，决心坚持到底。相信自己的梦想是对的，他就不会放弃。

当他快20岁时，他已卖掉了自己所有值钱的东西，并欠下了3000美元的债务。有位亲戚建议他去找基金会筹钱。

他跨进当地一个基金会的会长办公室，害怕得发抖，他顾不上察看那位会长的脸色就开始讲述他的母亲、3000个孩子及发展新课程的有关计划。那位会长是个体形魁梧、肤色偏暗、一脸严肃的男子，他听着马克整整半个钟头的讲述时，一直坐在那里，不发一言。

当马克讲完之后，这位会长抽出了一叠档案并说自己在这里工作已经快20年了，他们为无数的教育计划提供资金，可几乎每个都失败了！他告诉马克新课程计划也会面临失败的命运，原因便是马克一无所有：年纪轻轻，没有经验、没有钱、没有大学文凭……

走出那位会长的办公室，马克大失所望，他发誓自己一定要用结果推翻会长的论断。马克开始关注并研究对服务青少年有兴趣的基金会，然后他花了数月的时间，针对每个基金会的要求和理念，认真撰写申请提案，请求他们提供资金补助。马克整整花了一年半的时间，从早到晚不眠不休地小心撰写。他抱着很高的期望寄出每一份提案，但一封封申请提案寄出去了，却又一封一封地被退了回来。

最后，当马克的第201封寻求支持的希望也被拒绝时，所有支持他的人都开始动摇了。父母乞求他回去念大学；帮他撰写提案的戈恩老师也说："马克，我现在身无分文了，而我还要养家糊口，我只能再等一份提案的结果，最后一份，如果还是被拒绝，我就不得不回去教书了！"但马克还是满怀热忱和信心，在自我的激励下，马克争取到了最后一次机会：他设法通过一家大型基金会的几位秘书，约见到了他们的执行会长罗伯斯先生，得以与他共进午餐。

路上，他们经过了一个卖雪糕的小店。罗伯斯问马克说："要不要吃根冰棍儿？"马克点点头，但他实在太紧张了，以至于把刚拿到的雪糕握碎了，奶白的汁液流满了他的指缝间。马克试着不被人发觉，急忙把手藏到后面，气急败坏地想甩掉手上的汁液，但罗伯斯先生还是看到了，他扑哧一笑，掏出一块手帕递给马克。

年轻的马克爬入车内，满脸羞涩，可怜兮兮。连一个雪糕都拿不好，还怎么指望别人支持他的新课程呢？

三周后，罗伯斯打电话给他说："很抱歉，股东们否决了你要求的六万元赞助。"马克听后心都空了！三年来，他一直为这一梦想坚持努力、拼搏，到头来却是一场空。

"但是，"罗伯斯接着说，"股东们却一致决议拨给你十万元的赞助金。"

马克激动地哭了，感激得说不出一句话。

此后，马克·奥特不仅为他的梦想募到了两亿美元，将生活技能新课程推广进了全美两万多所学校，并且还建立了青少年新课程专项基金。他的执着不仅使梦想得以实现，给自己带来了惊人成就，还使不计其数的青少年学生得以学习到重要的生活技能。

只要能坚持理想，且有不达目的绝不罢休的意愿，就能产生惊人的力量。坚持就是胜利，有梦想，只要相信是对的，就去坚定地实践探索。这既是一个缺少梦想的时代又是一个美梦泛滥的时代，它们的差别就是那一份执着。

真正的百万富翁

十年前，我和太太在美国的一个市中心广场经营服装店，有一个印度人每天都会过来向我们兜售新鲜的面包。他英文讲得不是很好，但总是很热情。通过灿烂的微笑和手势，我们慢慢地认识了，他的人生经历叫我惊叹不已。

在印度，他的家族可以说是当地的富豪之一，他们拥有很多土地，以及房地产和金属制造业的巨额股份，然而，他的父亲死于战乱，后来他和母亲搬到另一座城市，他在那里完成学业并成为一名法官。

凭着渊博的学识，他一路平步青云。可不久后他便放弃了政府的职位，转行进入房地产业。他的直觉告诉他有一个重要的机会就在眼前：建造房屋，以容纳越来越多的居民。没多久，他就像他父亲一样飞黄腾达，他成为印度最成功的建筑商之一。

后来，他被冤枉入狱，受到了五年的刑罚。

刑满出狱后他又斗志昂扬地开了家建筑材料公司，在几年时间内从毫不起眼做到了风生水起。

当他知道有一支美国军队从一个小国撤退途经印度时，他做了一个改变自己一生的决定。

他把所有的钱换成黄金，然后带上所有的财富和太太乘坐一条渔船奔往泊在港口的美国大船，他用所有的黄金和美军做了一笔交易——把他们带到梦想中的美国土地上。

　　但是在前往美国的途中，他变得心慌意乱，想到自己两手空空必须又从头再来，他几乎就要跳入海里！

　　他的太太对他说："如果你跳下去，你才是失去了一切。我们经历了这么多苦难，不就是梦想开创一片自由的天地吗？我们一定可以再苦尽甘来的。"这正是他所需要的鼓励。

　　来到芝加哥后，他们找到同家族的一个堂弟，在堂弟面包店后面的小房间安顿下来，也就是距离我们那时开的服装店不远的一家面包店，只不过当我认识他时面包店已归他们所有。

　　他和太太在堂弟的面包店里工作，堂弟告诉他们只要拿出五万美元，就能够把面包店转让给他们，但他身无分文。在面包店，他每周可以领到税后 200 美元，他太太则拿到税后 150 美元，也就是说他们一周的收入有 350 美元。虽然这样的收入足够租一间公寓，但他有自己的打算，他后来解释说："如果我们住在公寓里，首先必须缴付租金，然后要采购家具，并且还要有上下班的交通工具，这代表着我们要不得不买一辆车，要加油买保险，有了车，可能我们还会想出去玩，也就是说还得搭上一笔旅行费，这样的话，我们的首付款五万美元就永远存不下来了！"

　　尽管每周的收入有 350 美元，足够租公寓，但盘下面包店的想法让他们决定继续住在后面的房间里。他们想尽一切办法节约开支，吃的食物几乎都是面包店里卖的东西，需要洗澡时他们会去商场的厕所里擦拭身体而不花钱进浴池。他们夫妇俩每年的花销只有令人难以相信的 500 美元，经过三年的时间他们省下了整整五万美元！

　　他们终于拥有了属于自己的面包店！

　　现在，他们的花销仍旧只占收入的极小部分，通过定期的储蓄，他们又有了一笔可观的财富。虽然我的这位朋友，还不是百万富翁，但他的吃苦耐劳精神已经让他的价值远远超出了百万。

小故事大道理

　　勤劳智慧、节俭刻苦、坚持努力……这些美好的品质终将帮助我们实现自己的梦想。

关键的第一步

前几年因部门调整，我被派到西部一个城市，那里大多是接受最低社会保障的贫苦居民，而我的工作就是协助他们更好更快地就业。我希望能灌输给他们自力更生的观念：只要愿意，任何人都可以自食其力。我申请了一笔为数不多的工作经费，请当地的相关单位组织不同种族和家庭背景的 15 位困难居民进行跟踪访谈，我打算每星期与他们进行三小时的谈话。

第一次见面，握手问好后，我第一句便问他们："你们是走在追求梦想之路的人吗？" 15 个人听后都露出茫然不解的神情。

"梦想？我们没有梦想。"

"难道你们小时候也没有过什么梦想吗？"我好奇地问。

一个妇女接着回答："有梦想有什么用？野猫总是跑进屋里，偷吃我可怜的食物。"

"这确实是个问题，你很担心猫咪掠夺你的粮食，有什么解决的办法吗？"

"我家的窗纱上有个大洞，我想换个新窗纱。"

"在座的有人会修纱窗吗？"我替她问道。

这时在座的一位男士毛遂自荐："我可以试试，我以前修过东西，但我得了风湿。最近关节痛得厉害，不知道还能不能胜任这个活计，但我会尽量试试。"

我出费用让他到店里买些材料，帮那位太太把窗户修好。

第二周的见面会上，我问那位妇人："你家的窗户修好了吗？"

"哦，修好了。"

"那我们现在可以开始梦想之路了，是吗？"我又问道。她微笑着点点头。

我转向那位修窗户的男士，问他帮助那位太太修好纱窗后，感觉怎么样。

"很奇怪，我本来是打算尽量试一试，谁知道居然修好了，我现在觉得精神比以前好很多。"他愉悦地表示。

修好纱窗虽然算不上什么惊天动地的成功事件，但也给在座的人们多多少少带来了一些刺激，梦想之路的终点并非可望而不可即，只要跨出第一步，离最后的成果就会越来越近。

我接着问其他人的梦想是什么。一位年轻妈妈说她一直想做个会计。"那为什么不开始着手去做呢？"我提出我的第二个问题。

"我有四个孩子，最大的才不过八岁，要是我去上班，谁来照顾他们？"

"我们一起来想想办法，"我说，"在场的各位有人可以帮她带一下孩子吗？一星期照看一两天，让她有时间去培训班学习会计知识就可以。"

那位纱窗已被修好的妇女热心地表示："我自己也有小孩，但是我愿意帮她的忙。"

经过一番商量后，那位年轻妈妈终于能抽出时间去接受培训。

后来他们都找到了适合自己的工作，那个修纱窗的男士成为家具维修点的一名职员，想做会计的年轻妈妈也找到了一份超市收银员的工作，而帮人照看孩子的那位妇女则成为称职的保姆。一个季度内，参加聚会的人全都有事可做，不再依靠社会保障的救济。他们的成功并不特别，只是所有迈出梦想第一步的人中的一小部分。

小故事大道理

每个人都有梦想，或大或小，各不相同，但在实现梦想的路途面前它们都是平等、相同的。同样的追梦之路，没有高低贵贱之分，只在于你有没有勇敢地迈出第一步。

不怕冷水的梦想

我有个朋友叫伊盟·奥利托，他在郊区有座牧马场，在马场中央耸立着一栋住宅。他宽敞的住宅经常被我借用举办慈善募捐活动，大多数是为青少年教育筹备基金。

在一次活动开幕式致辞中他提到，他把住宅借用给朋友来做募捐活动是有原因的。他的父亲是位马术师，他从小就必须跟着父亲走南闯北，一个马场接着一个马场，他们几乎走遍了安大略的所有马场去训练马匹，马厩就是他的童年。由于经常四处奔波，他的学习成绩很不稳定，求学过程并不顺利。初中时，有一次老师布置了一个作文作业，题目是"长大后的我"。

那天晚上他在马厩里挥洒自如地写了整整五张纸，他描述了自己未来的志愿：他要拥有一座属于自己的牧马场。他在作文中详细地画了一张 100 亩马场的设计图，上面清晰地标出了马厩、阅马台、马跑道等位置，他还立志在马场中央建造一栋巨宅供家人安居乐业。

他花了好大心思完成作文，第二天交给了老师。两天后他拿回了作业本，可出乎意料的是，老师在第一页上给他打了一个又红又大的 F，评语只是一句：下课后来办公室找我。

下课后，他忿忿不平地拿着本子去找老师："为什么给我不及格？"

老师回答道："你太好高骛远了，这么小就做白日梦，你可知道修建一座牧马场需要投入多大的费用？那可是你一辈子都想不出来的大工程。你没钱、没资源、没家庭背景，什么都没有，还是好好学习，把成绩提上去靠谱些。"他接着又说："如果你肯重写一个比较现实点的理想，我会给你重新评分。"

他回家后心中充满了矛盾、委屈、失落，他考虑了很久，最后征询爸爸的意见。爸爸只是告诉他："亲爱的，这是非常重要的选择，你必须自己拿定主意。"

反复思量几天后，他决定不重写。他将原稿交回，一个字都没改。他告诉老师："即使分数不及格，我也不愿放弃梦想。"

现在伊盟拥有了属于自己的足足100亩大的一片马场，但那篇文章他至今还保留着。他说有一次又见到了那位老师，当年的老师带着30个新学生来到他的马场进行为期一周的野营。那位老师离开前向伊盟表示，自己很惭愧当年泼他冷水，并且说他不只对伊盟一个学生做过类似的训导，但是只有伊盟靠自己不屈的毅力，始终坚持并追寻着梦想。

小故事大道理

不论做什么事，相信你自己，别让别人的一句话将你击倒。

聪明的脑瓜

出行在马路上，你肯定对各个汽车后面贴着的"我是新手，请保持车距"等贴纸毫不陌生，可你知道它们最早的发明人竟是一个八岁的小男孩儿吗？

汤米出生在20世纪80年代的美国，他从四岁起就立志并相信自己能促进世界和平。他还给自己制定了一个具体的实施方案：制造一种贴在车后的便利贴纸，并印上"请为我们孩子维护和平"，当然贴纸上还要签上自己的名字：汤米。

汤米六岁的时候，有一次听一位经济学家介绍儿童银行——为了鼓励孩子实现梦想而建立的只供儿童借贷的专门基金，他顿时觉得自己可以付诸行动了。汤米走上前去和演讲者礼貌地握手交谈，阐释了自己的目标并提出自己想向儿童银行借钱。那位睿智的经济学家并没有因为他是借贷的孩子们中年纪最小的而拒绝他，而是欣然答应借钱给汤米，只不过要求他要遵守自己的约定，按时还款。

汤米的父亲也曾悄悄问过那位借钱给儿子的专家："如果他没有按时

偿还贷款，你会追究他而没收他心爱的脚踏车吗?"可他得到了满意的回答，那位经济学家告诉他：每个孩子天生都是诚实、值得信任、有道德感的，但他们必须在行动中再学些别的东西，完善他们做事的原则。汤米的爸爸更加坚定了要全力支持儿子的决心，做他们都认为对的事。

汤米的想法得到了足够的资金支持，他听过经济学家的演讲后，也把自己的目标做出了更加详尽的调整，并列出了实现目标的主要步骤：打电话询问所需费用；印制贴纸；想出与人打交道的方法；拿到领袖的住址；写信给美国总统及其他国家的领袖，并附赠一张贴纸；和每个人谈论和平；致电每个书报摊以介绍自己的产品；和学校洽谈。

汤米令人惊奇的构想可不是一个假设，拿到儿童免息贷款基金的支票后，第二天他就随着爸爸去了印制贴纸的厂商那里。汤米还说服他父亲带他去里根的住所，汤米见到总统家出来应门的护卫，用了不到五分钟就顺利地把他的贴纸推销出去了。他把贴纸介绍得令人难以抗拒，他的自信与爱心更是打动护卫以至于他不得不把前任总统请出来。

汤米还给另一位世界知名的领袖戈尔巴乔夫寄了一张贴纸，并在信中附了一张两美元的账单。几天后汤米意外地收到了回信，戈尔巴乔夫寄回来两美元及一张自己的照片，并留下了签名寄语：汤米，我愿和你一起为和平勇往直前！

最后在约定的时间里，汤米轻松地偿还了贷款，那位经济学家满意地开玩笑说："在美国我有好几家大公司，汤米，等你长大后，我一定会雇用你。"汤米回答说："开什么玩笑！到时候说不定我会雇用你呢！"

小故事大道理

多么自信敢为的孩子，有聪明的脑瓜，更有勇于开创的一双手。他的风趣率真不仅让家人振奋，让朋友折服，更重要的是，在通往梦想的路上，他是一个不凡的自我激励者。

农场永不荒芜

杰克是美国费城的一名男孩，对互联网情有独钟。大学毕业后，他找到了一份地产中介的工作，但他认为这份工作太缺乏创意，很快就辞职不干了。

杰克想自己创业，他上网浏览各类网站，查看各种资讯。可发现似乎所有的事都已被人抢先做了，他很失落，跟朋友聊天时抱怨说："我的想法已经荒芜。"朋友笑着回应："你的想法是否荒芜还不好说，但我朋友的'菜地'恐怕真的要荒了。"

原来，朋友所说的那个人前不久因病去世，他生前酷爱玩网上农场。"他人这一走，农场再也没人管了，是要真荒芜掉的。"朋友惋惜地跟杰克说。

朋友的话让杰克想起了自己的一段经历。有一次，他坐飞机出差，飞机突然遇到不稳定气流，情形十分危急。当时杰克心想自己肯定活不成了，猛然浮现脑海的是，如果自己死了，积聚了他多年心血的博客该怎么办？后来，一场虚惊，杰克暗自发笑：危难关头自己竟还有心思想博客。当他听到朋友的讲述时，竟然找到了共鸣，原来存在这种心理的远不止他一个人。

杰克产生了一个奇异的想法：创建一家专门继承去世者社交网遗产的网站。他们可以把自己走后不放心的东西，存入杰克的电子保险箱，留下一份永久的记忆。

公布想法后，家人说他肯定是疯了，创业已经把他带得走火入魔了。杰克心里也没有十足的把握，但想试一试。

网站建立了，杰克在首页贴出说明：使用者通过简单步骤可以注册会员，即可享受"保险箱"的密码托管、网络内容储存等服务，比如电子邮箱、相册、社交网站等一切网络账户和密码，并且存放的账户可以分别指定"继承者"，以便用户本人将来去世后，自己的网络内容会有人"接收"，只需每年交纳 50 美元或一次性交纳 500 美元。

很快，杰克迎来了第一个会员休斯的加入。休斯对自己的博客也有着非同寻常的热爱，他对杰克说："我的博客记录着一家人生活的点滴，里面的内容对我们来说意义非常，尤其是等我的孩子长大后，他们继承了我的博客，会发现自己好像找到了一盒老照片，然后会开始好奇，猜想那里面曾经发生过的故事。"

第二名注册者是一名军人，即将奔赴战场执行任务。他坦陈："我不知道自己还能不能回来，我想把隐藏着我个人秘密的网络账户留给父母。当然，如果我能平安回来，我会继续保守这些秘密。"

第三名会员是一位病人，他极其热爱农场游戏，他说："我现在被禁止经常上网，但我总是不放心我的农场。如果我的病好不了，希望受益人是我的妹妹。"

杰克没有想到，随着网友们的相互传播，他的网站注册了越来越多的会员。通过与不同人群的交流，杰克意识到，人们的思想随着时代的发展有了极大转换，他们其实很看重甚至依赖自己的网络账户，更有感情笃深者视之如命。杰克创立的网站越发红火了。

短短一年时间，杰克赢得了两万会员的信赖，创下了近 150 万美元的收入。

小故事大道理

世界在变，时代在变，人的需要和想法也在变，只要跟上变化的步伐，用心去听、去看、去发现，永远不会有荒芜的创意。

实现梦想的公式

那一年他 16 岁。本是该朝气蓬勃、勤奋努力的时候，他却成为学校里有名的"混世魔王"。打架斗殴、吸烟饮酒，坏学生的行为他几乎一应俱全，就连老师都有点忌惮他。他对学校里的一切规定都不以为然，反而觉得很佩服自己。他就这样浑浑噩噩地过着自己的 16 岁。

有一次，他喜欢上了班里的一个女生，便懵懂地给人家写了一封追求信。收到信后，女生鄙视地看了他一眼，后来还把那封告白信贴到了学校的宣传栏里。虽然他是宣传栏里的常客，每次贴检讨书他都若无其事，但这一次，他心里感到一种莫名的刺痛。

第二天，他转学了。如脱胎换骨般换了一个人一样，他开始发奋学习，最终考上了一所大学。

那一年他 22 岁，大学毕业，顺利进入机关工作。他过上了每天一杯茶、一张报的清闲日子。起初，他觉得这样的日子还不错，于是就这样每天无可无不可地过着。

有一天，他出门访亲，发现一条狼被亲戚像狗一样养在家里看家护院。他吃惊地问亲戚，为什么可以把狼养得像狗一样，那么温顺忠诚。亲戚告诉他，因为狼从小的时候就被放在狗群里驯养，时间长了，狼的外貌特征都有些像狗，更别说狼性，早就消失殆尽了。

他看着那匹温和听话的狼，想想自己的安逸，顿时有些心虚，他好像明白了什么。回到家后，他在父母的反对和一片惋惜声中辞职了，独自去了南方的一个大城市。

那一年，他 24 岁。他想方设法把自己的自荐信转到知名的大公司老板手中，很多时候，他都会遭到拒绝："我们现在尚且没有招聘需要。"他总会微笑着说："你们公司总会有需要招人的一天，那时候，我就是第一应聘人。"就这样，他终于被一家知名企业录用。

后来，在工作中遇到了许多困难，他凭着不服输的精神一一拿下，最后因为业绩突出，他被公司调到美国总部。

一路走来，他的生命刻度计上留下了难忘的印迹，他用那些年轮上深刻的经历告诉我们：要想让别人接受你，尊重你，必须先要自己尊重自己；如果不自立，无所事事的安乐也会使狼失去本性；要想迈向成功，首先要自信；人生中要想有所成就，必须学会自强。

小故事大道理

如果说实现梦想有什么公式，那就是自尊、自立、自信、自强相加的结果。要做出这个公式，谈何容易，给自己定个梦想，挑战一下吧。

梦想有多远

病房里同时住进了两位病人，他们都是胃不舒服，在等待三天后的化验结果。

一天，其中一位病人对另一位说："如果结果是癌症，我就马上去旅行，我要在生命结束前了却去西藏的心愿。"另一位病人也表示支持，并说自己如果得了不好的病，也一定要抓紧时间，实现去希腊的愿望。

结果出来了：想去西藏的病人是胃癌，想去希腊的病人是胃溃疡。

第一位病人决定要立刻实现梦想，他列出一张生命时间表，离开了医院。那位想去希腊的病人则回到了家。

那张生命最后的时间表上罗列着：去一趟西藏；坐船游一次长江；去海南和大海、椰子树拍一张照片；去哈尔滨体验一个冬天；去广西的北海看银滩；登上天安门；读完托尔斯泰的所有作品；根据阿炳原版的《二泉映月》写一本书……凡此种种，总共26条。

他在最后还写道：我来到这个世界后，有很多梦想，有的实现了，有的由于各种原因没有实现，现在我的生命所剩时间不多了，为了不遗憾地死去，我要用人生最后几年去实现剩下的 26 个梦想。

那一年，得了癌症的病人出院后就辞掉了工作，去了西藏。他以惊人的毅力和韧性走在实现自己梦想的征途上。现在这位朋友正在实现他的最后一个愿望——出一本书。

有一天，想去希腊的那位病人在报上看到了他发表的一首诗，便打电话询问他的病情。他说："虽然疾病很痛苦，但它也给我带来了难以想象的收获，是它提醒了我，去用行动做自己想做的事，梦想离我们并不遥远。它让我体会到了人生的真正意义。其实，如果没得这个病，我可能继续躲在庸庸碌碌的生活里，与梦想遥遥相望。"

放下电话，第二个人沉默了，因为早在听说自己没有得癌症的时候，他就将想去希腊的心愿抛到九霄云外了。

小故事大道理

其实对于生来说，我们每个人不都是癌症患者吗？因为我们总有一天会走向死亡，或早或晚，可我们总会无意识地遗忘这个事实，觉得它对我们来说遥不可及，这时候，梦想，往往也被我们推到了那个"以后我要……"的看不见的地方。梦想并不遥远，不要最后把它带进坟墓，从现在开始把梦想变成现实。

做一天贵妇人

曾经有一个出身贫寒的小女孩，她成功应聘到了美国纽约市中心一家颇具规模的制衣店，虽然岗位是打杂女工，但与她家住的廉租房相比，能来这里工作，她不知道有多满足！

当她走进那家富丽堂皇的制衣店时，她仿佛置身于一个令人目不暇接的新天地。在店里上班以后，她经常看到一些贵妇人乘坐着豪华汽车来买衣服，她们试穿自己喜欢的漂亮衣服，在那面镶金边的大镜子面前满意地观看。她们和制衣店的女掌柜一样，穿着讲究，举止高雅，高贵端庄。她见识了上层女人们应该过的生活，并产生了一个强烈的念头：我也要当老板，我也要过上那样自在典雅的生活。

于是小姑娘开始了一场无人知晓的独角戏。她每天早早地来到店里，第一件事就是对着那面大镜子，很开心、很自信、很大方地微笑。她虽然生活贫困，只能穿布衣旧衫，但她想象自己就是身穿华丽衣服的贵妇人。与别人打交道时她都是大方有礼，尊贵而友好，很快，她便散发出了不一样的光芒，引起了那些女士们的注意，并深受她们喜欢。

她虽然只是一名打杂女工，身份卑微，但她想象自己已经是一位老板，工作更加尽心尽责，积极投入，仿佛那家店就是她自己的店一样，因此，老板也对她信赖有加。

慢慢地，开始有许多顾客在女掌柜面前夸赞她："这个女孩子真不错，她是你店里最聪明、气质最好的。"女掌柜也说："她确实很优秀。"不久后，女掌柜便提拔她做制衣店的执行总监。

日子一天天地过去，小女孩把制衣店打理得有声有色，自己也坚持努力，毫不松懈，学到了很多服装设计方面的知识。又过了几年，小女孩已出落成了一个成熟女子，并且华丽地转身为一名杰出的服装设计师，她就是至今仍名声响亮的安妮特夫人。

小故事大道理

同样的一个环境中，有人安守现状，有人却能用积极美好的想象许给自己一颗梦想的种子，用坚持和努力浇灌它，使之美丽绽放。

上帝播种的梦

他从小被人们称为"木头人"，并不是因为他的爸爸是匈牙利的木材商，而是由于他从小呆笨迟钝。

有一天晚上，他做了一个梦，梦见诺贝尔看上了他的作文，还让国王给他颁发诺贝尔文学奖。第二天，他很想把这个梦告诉大家，但又怕被人笑话，最后他只告诉了妈妈。

妈妈告诉他，有知识的人都说，当上帝让谁做了一个看上去不可能的梦时，就表示他想帮那个人实现那样的梦想。"如果你真做了这样的梦，你就幸运了！"妈妈一本正经地说。

上帝给他那个看似遥不可及的梦，原来是希望把那个梦种在他心里，帮助他梦想成真。知道了上帝和梦的关系后，他真的爱上了写作，而且异常勤奋刻苦。那一年，他 12 岁。

"要是我坚持努力，经得起考验，上帝一定会来帮助我！"怀着这样的信念，他走上了写作之路。五年过去了，上帝没有出现；又过了五年，上帝还是没有出现。他艰难地行进在文学创作的道路上，就在他期盼着上帝总有一天会到来的时候，法西斯的军队却从天而降了。他和其他的犹太人一样，被关进了集中营。在那里，不计其数的同伴们被杀害，而他却靠着"生命就是承受"的信念活了下来。

法西斯被打倒后，"又可以从事自己梦想的职业了！"他怀着这一激动心情，走出了集中营。1965 年，他的第一部小说《无法选择的命运》诞生了，后来，他又写出了自己的第二部小说《退稿》。就这样，他不停地写作，创作出了一系列的作品。

他不再关心上帝什么时候会来帮他实现梦想，可就在这时候，从瑞典学院发出一个消息，他们宣布匈牙利作家凯尔泰斯·伊姆雷获得了 2002 年诺贝尔文学奖。凯尔斯泰·伊姆雷，那正是他的名字！他听到后，大吃一惊。

他从一位名不见经传的作家一跃成为诺贝尔文学奖获得者，在被问及获奖感受时，他平静地说："没什么感受！只是我相信，当你决定做一件事，并由衷地喜欢去做它，无论遇到多大困难，都不退缩，不在意任何困难时，上帝会抽时间来帮助你。"

小故事大道理

上帝把梦播种在我们心中，然后由我们努力浇灌它，如果我们给它的水分足够了，有了坚持和努力，上帝也会像阳光一样助它开花，希望你是下一个遇见上帝的梦想者。

一朵白色的金盏花

有一年，美国一家报纸刊登了一则惊人的启事，一家园艺所寻找纯白色金盏花，并为提供者准备了丰厚的奖金。这则启事在当地引起很大轰动，高额的酬金使很多人动了心，但人们想到在缤纷多彩的自然界，金盏花不是金色就是棕色的，要想培植出白色的，几乎是不可能的事，所以许多人在一阵激情燃烧后，就把那则信息忘得一干二净了。

不知不觉20年过去了，那家发布启事的园艺所忽然收到一封意外的来信，信中还附带一粒种子，信中说自己培育出了纯白色的金盏花，那颗种子就是成果。当天，这个消息就不胫而走，人们纷纷惊叹不已。

原来信件来自一位老人，他是一个地地道道的爱花人。20年前，当他不经意间看到那份报纸上的信息后，心中怦然一动，他决定凭借自己的爱好和多年的养花经验，试一试。于是他不顾孩子们的一致反对，毅然决然地开始培植看似荒谬的纯白色金盏花，并数年如一日，一养就是20年。

最开始他只是种下一些最普通的金盏花种子，精心培育。一年之后，他从开放的金色、棕色金盏花里将颜色最淡的一朵挑选出来，然后任其自然凋谢，结出最好的种子。第二年春天，他再把这颗种子同其他金盏花种一起撒播，同样挑选出颜色浅淡的花，以结种培植。就这样日复一日，年复一年。终于，在他的金盏花培育专区开放了一朵不是米白色，也不是粮食白色的金盏花，那是一朵已经从近乎白色变成如雪一样纯白的金盏花。

他不懂什么遗传学，只是靠着坚持，把一个连专家都感到困扰的问题，奇迹般地解决了。

小故事大道理

当希望的种子经过我们每个人面前时，我们也许因为它普通的外表，把它随手丢弃了，没有用心地坚持，没有努力地浇灌，我们也就错过那生命中美丽的花期。

从平凡走向成功

她是个内向的女孩，天生喜欢安静。她最大的愿望就是有一座自己的大房子，可以让她睡懒觉，而不用担心妈妈每天一大早就来揪耳朵叫她起床上学。生活衣食无忧，人生平平淡淡，是她能够想到的最好生活。

然而，现实和梦想总是有很大差距。进入大学后，希望中的生活不仅不见踪影，而且好像还越来越远。每天都是烦冗的课程，无聊的社交活动，对未来的担忧，她开始陷入一种抑郁不平。她也慢慢开始明白，要想过上自己想象中的生活，就必须付出努力。她开始强制自己刻苦学习，积极参加一切活动，要求自己与更多陌生人交朋友。

可渐渐地，她发现在学习上无论自己怎么刻苦，成绩永远都不是最好，无论自己怎么努力，都很难融入别人的圈子。她开始自卑、失望，意识到自己真的没有想象中那么优秀，自己平凡无奇，没有成功者的潜质。可她又为生活的平庸而苦恼不已，自己不会受人瞩目，生活里也没有骄傲和喝彩，她不知道自己的价值所在。

有很长一段时间，她心甘情愿地向平庸生活妥协，不再渴望与众不同，她觉得自己今生是不可能成功的了，渐渐死了心。

想通自己不会成为佼佼者，她不那么苦闷了。经过起初的迷茫、抑郁、焦虑，她想每个平凡的生命都会经历这种负面情绪，生活就是自己要学会怎么与它们和平共处，想到这个，她超然洒脱了许多。既然无法改变现实，她便试着改变自己的心态，让自己尽量在烦恼中学会快乐，在庸碌中发现喜悦。慢慢地，她发现自己的周围其实有很多有意思的人和事儿，尤其是人们面对生活的乐观。她的心被那些表情深深触动了。她开始思考怎么把这些搞怪的表情和有意思的生活结合起来，正是这个念头，使她创作出了一系列卡通图片。

本想着自娱自乐一下，可出人意料的是，她创作出的东西竟然广受朋友们喜爱。一传十，十传百，人们纷纷下载她好玩的作品，很快，那些出自她之手的小兔子表情红遍了整个网络，成为广大网民们最喜欢的一大表情，下载量创下了纪录。

那些表情有个响亮的名字——兔斯基，它的发明者就是那个最终走向成功的内向女孩。

小故事大道理

生活中的苦闷、焦虑、压抑并不可怕，可怕的是你不会与它们相处，可怕的是你自己的内心完全被它们占领，不给希望、快乐、自信留出位置，可怕的是在探索的路上，你因为它们而放弃自己。

火红的米粒

16 岁那年，他因交不起学费，辍学下海挣钱，开始做卖米的小本生意。他的米店开在家乡的小城里，可城市不大，米店竟有二十几家，买卖虽然成本小，但竞争非常激烈。他当时只有 200 块钱，仅能租得起偏僻地方的小店面。他的米店规模小，来得又晚，几乎没有什么优势。刚开张的时候，生意甚是冷清。

怎么让顾客相信自己货物的质量，打开销路呢？他决定从自己卖的每一粒米上做起。当地的人们由于收割与加工谷物的技术落后，收好的稻谷里很容易掺杂进沙子、木棒等异物。所以人们吃米前，都要淘好几次，很是费事。但大家好像都已经把淘米当成了习惯，认为这个不方便是理所应当的了。

他从人们习以为常的行为中找到了突破口，他号召店里的帮工将米里的小石头等杂物一个一个拣出来，然后再出售稻米。一时间，不少掌管家政的主妇都说他卖的米干净，不用淘就能吃，很方便。这样，一传十，十传百，他的米一天比一天畅销起来。

他并没有自此停止改进，决定在生意上还要多下些功夫，让买卖更红火。那时候，人们都是上门买货，然后自己取走。扛一袋米对年轻人来说没什么，但对于一些老年人，就要费很大力气了。而年轻人忙于工作，来米店的大多是上年纪的人。他注意到这一细节，于是开始了送货上门的业务，给顾客最大的方便。这一举措很快就又受到了新老顾客的欢迎。

他把米送到顾客家里，还负责给倒进米缸。并且每次他都先看看缸里有无陈米，如若有的话，他还会很细心地帮忙把陈米先倒出来，擦干净米缸，然后倒进新米，再把陈米放在最上边，以避免久放变质。

创业之初，他就用一系列的细致服务感动了每一名顾客，后来他成为无人不晓的台湾地区首富，并把塑胶产业做进了全球化工业的前

50 名。他就是王永庆。

小故事大道理

　　每个成功人物的背后都有一段不可思议的开始，他们成功的原因各不相同，但总有恒久不变的几个相同点：思考、坚持、细节……

辑 五

心态——成就未来的境界

家有中等生

女儿所在的班级总共有 100 个人，每次考试，她都考第 43 名，同学们给她起了个外号"43 号"，她成了班级中有名的中等生。

别人家的孩子特长多多，成绩优异，而我的女儿却没有可夸耀的地方，尤其看到电视中那些才艺非凡的孩子，我和孩子的父亲更是羡慕得两眼发光。所以我们总觉得女儿"43 号"的外号特别刺耳，可是女儿却欣然接受。

有一次过节和亲友相聚，茶余饭后大家谈着谈着话题就转到了儿女身上，席间有位长辈问孩子们长大后想做什么，孩子们一个个争先恐后地说起来，有的说要成为艺术家，有的说要成为科学家，还有说要当明星的，就连其中只有三岁的女孩儿也立志要当一名主持人，大家纷纷点头赞许。最后只有 12 岁的女儿还沉默不语，在自得其乐地为小弟弟夹菜喂饭，大家好奇地把目光转向她，要她说说长大后想做什么，女儿认真地答道："我有两个梦想，一个是当一名幼儿园老师，教孩子们做游戏，带着他们唱歌跳舞；还有一个是我想做妈妈，下班后穿上画着大嘴猴图案的围裙给孩子做好吃的晚餐，吃完饭后给他们讲《美人鱼》《龙猫》《七仙女》等好听的故事。"

听完女儿的志向，大家你看看我我看看你，都不说话了，我和老公感到十分尴尬。

对于女儿，我们其实想过很多方法，给她请名师家教，送她去特长培训班，买各种各样的复习资料。她也很配合，课外书不看了，放学回家做完学校留的作业还要多做一打卷子、练习册，周末不睡懒觉听话地去学钢琴，即使病了，在床上躺着打点滴，也还坚持写作业。可她毕竟是个孩子，天天这么疲惫，身体肯定扛不住，孩子大病一场，得了重感冒还引发了肺炎，人瘦了一圈儿，可是成绩仍然没起色，期中考试不多不少还是考了第 43 名。

后来我们慢慢地不再给她施加重压，还给了她的周末休息时间，以及她看漫画的权利，允许她去上剪纸课，我们也很心疼女儿，可是对于她的成绩实在是困惑不解。

清明假日，我们和朋友结伴郊游。大家带上可口的食物，带着老公和孩子去野餐。一路上热热闹闹，笑声不断，孩子们更是高兴，纷纷拿出看家本领表演节目，女儿没什么特长，只是开心地不停鼓掌。她还时而照看着旁边的东西，饭盒歪了，正一下，瓶盖松了，赶忙拧紧，忙忙碌碌，像个细心的小管家。

吃饭的时候，发生了一件意外的事儿。两个小男孩儿，一个英语尖子，一个钢琴能手，两人同时夹住盘子里的一块牛肉，谁也不让谁，更不想平分。大人们连哄带劝，也全然无效，最后还是女儿提出了投硬币的方法，给两人解决了小矛盾。

返程的路上遇到堵车，孩子们都不耐烦起来，还是女儿讲的一个个笑话逗得大家笑个不停，再看她手底下，还在舞来舞去地剪着彩色的包装纸。下车的时候，女儿把十二生肖的剪纸送给其他孩子，听着孩子们一声声谢谢，我和老公自豪地相视一笑。

期末考试后，我去参加女儿的家长会，得知女儿的成绩仍是第43名。但是老师神秘地告诉我，这次考试发生了一件奇怪的事儿，和女儿有关，他教学以来还第一次遇到这么奇怪的事儿。

政治试卷上有一道附加题：写出你最敬佩班里哪位同学，并说出理由。全班人竟除了女儿之外都写的同一个人的名字，那就是女儿。同学们写的理由也多种多样：乐于助人、诚实守信、负责任、活泼开朗，等等，写得最多的是乐观幽默。班主任还说，同学们都推荐她来担任班长。办公室里的老师都感叹道：这个女孩虽说成绩中等，可做人真是上等，实在很优秀啊。

回家后我高兴地对女儿说，你快要成为英雄了。正在剪纸的女儿皱着眉想了想，严肃地对我说："妈妈，我们老师说过一句名言，当英雄路过的时候，总要有人坐在路边鼓掌。可是我不想成为英雄，我想成为坐在路边鼓掌的人。"

我心里倏然一动，开始仔细打量女儿，她静静地用小剪刀剪着彩纸，那五颜六色的纸片在她手里舞来舞去，好像点点滴滴的时光在她手里精彩绽放。我的眼眶，竟是蓦地一暖。

那一刻，我被这个只想成为坐在路边鼓掌的女孩儿感动了。

小故事大道理

这世上，有多少人立志甚至渴慕成为英雄，但最终不知在哪儿平凡着。假如健康，假如快乐，假如听着自己内心的声音，我们的孩子，又何妨做一个普通人，只愿他们一生善良、安乐，寻到自己想要的生活。

最后一枚核桃

坐长途车，行进在回家的路上。中途又上来不少路人，但车厢里座位明显不够，其中有一位背着包裹的老人，我犹疑是否应该给他让座，但考虑到自己到家还有五个小时，便打消了这个念头。但如今回想起来，我却对自己的冷漠感到很难为情。

老人背着包裹，手里还提着一只竹篮，里面盛着为数不多的几个核桃，山核桃上的纹络好像正映照了他脸上的年轮。这位风烛残年的长者，看样子是从农村来的，他要去哪儿，我无从知晓。

在一个急转弯刹车的时候，老人没有扶好，脚跟一颠，他手中的篮子掉到了地上，核桃们淘气地在车里乱跑一气，像撒欢的宠物，争先恐后地和老人玩起了捉迷藏。老人放下包裹，费力地弯腰将它们一一拾起，每捡起一个，他都会用袖口轻轻拂拭掉上面的尘垢，好像在抚摸自己孩子的小脑袋。

老人像找珍珠一样在整个车厢里搜寻着，满车厢里的乘客热心地为老人指示着每个核桃的藏身之处，却没有一个人帮他捡起哪个核桃。大功告成后，老人不停地数着已经捡起的核桃，可反复数了几次，总是少一个。那最后一个核桃，就像最淘气的孩子，不肯回家，从而用尽办法不让老人寻到它。

这时，坐在前排的一个穿着高跟鞋的女人，隐约感觉到自己的脚踩到了什么圆乎乎东西，她往下一看，正是老人掉在地上的最后一枚核桃。她用鞋跟将核桃勾至前面，然后用鞋尖儿使劲儿一踢，将核桃不偏不倚地正好踢到老人面前，整套动作娴熟得像个足球明星，与此同时，女人身边的一个男子正在笑着为她准确的脚法叫好。

老人看看脚下的那枚核桃，一丝潮红不觉浮上脸庞。他将核桃捡起握在手里，但奇怪的是，他没有擦拭它，也没有将它放入篮内。他只是在不停地说着："可惜了这个核桃。"

老人到站下车后，我透过车窗，看到他走到垃圾桶旁边，把握在手里的那最后一枚核桃扔了进去，动作是那么毫不犹豫，他还一直念叨着："这枚核桃被糟蹋了，唉，太可惜啦……"

我立刻觉得无地自容，是否别人看到这一情形也会脸红？我为是老人这趟旅行中遇到的一分子而自惭形秽，那个脚法非常的女人知道这一幕，会羞愧成什么样子？

小故事大道理

老人最终没有将那个被玷污了尊严的核桃带回家。他扔掉的是一枚被蹂躏的核桃，但他留下的是做人的尊严。

女儿的奖杯

我新订阅的报纸还没扫一眼，就已被女儿翻得乱七八糟。她突然说："我要准备去日本旅游了。"她平常最喜欢异想天开，所以我毫不在意。

她一本正经地说："我从报纸上看到一个关于佛教博物馆设计的创意征集比赛。第一名可以去日本免费游十日。"说着，她把报纸上的活动信息指给我看。

我心不在焉地说："你又痴心妄想了，你连建筑都不懂是什么，还想设计博物馆，你还是好好写作业吧。"

她却誓不罢休地说："人家是创意比赛，有想法就行，我也可以啊，要我出主意的话，就在博物馆里焚香点蜡烛，给人一种佛堂的感觉，还可以布施斋饭，让人能从色香味全面地感受佛教，还可以……"

我打断她说："别还可以了。你现在就连俄罗斯方块都玩不好，还奢谈什么设计博物馆！"

不到十岁的女儿还真好性子，她不顾我的奚落，继续说道："把佛教博物馆建在地下，也就 80 米的深坑里吧……"

我说："得了吧，人家又不是让你设计墓地。"

女儿不理我，臆想着说："周围的墙壁一定要是透明的，能让进到里面的人们感受到土地的气息，这样才有神秘感。再用蜿蜒的梯子连接门口和地面，给人一步步往下探索的感觉……"她忽上忽下地做着动作。

我毫不委婉地纠正她："按你说的深度，地下水都冒出来了，后果你想过没有？再就是那弯梯。多危险啊！并且……"

这次，女儿摆摆手打断了我，她摇摇头说："妈妈，可能会出现这些问题，但那是建筑工程师的事儿，跟我的想法不冲突，创意只是富有创新性的意见呀！"

我叹了一口气说："那你就继续奇思异想吧，但我告诉你，把成绩考上去才是硬道理，所以不要忘了乖乖写完作业，一会儿给我检查。"

女儿根据她的想象在电脑上拟了一封邮件，发送之前，我问是否要先让我看看，提点意见。她白了我一眼说："你又不是评委。"我一笑，也就不了了之。

很长时间过去了，女儿收到创意比赛主办方的一封信，信封上她的名字后边还加上了"女士"两个字，我哑然失笑。

我们拆开信，看到一张请她去外地参加颁奖仪式的邀请函。当然，费用自理。

女儿看看日期，苦恼地说："现在出发赶到那儿，时间已经来不及了，也不知道我获得了什么奖。"

我说："你还不满足啊，邀请你参加颁奖，已经很难得了。就跟别人开演唱会邀请嘉宾一样，是助兴之举。"

女儿思量着说："妈，你说有没有这种可能，就是先将有可能获奖的人都召集过去，现场再突然揭晓谁是第一名？"

我说："别想那么多了，重在参与。"

不久，活动发起方又寄来了第二封信。他们在信中表示，女儿没能够到达现场参加颁奖仪式，他们深感遗憾。但他们会把女儿获得的创意银牌奖杯设法邮寄过来。

小故事大道理

自信使人阳光，创意使人自信，孩子，请你大胆地想象吧！

看轻自己

她们是同一所医学院，同一个专业，同一个宿舍的好姐妹，毕业实习又被分到了同一家医院，她们又可以朝夕相处了。她们学的是护士专业，被分到了妇产科。大家欢欢喜喜地努力工作，都希望能够成为这里正式的一员。可不久后，她们就接收到一个残酷的消息，这家医院只需要招收一名护士，也就是说她们其中只有一人有可能留下来。

虽然大家都渴望早日找到一份稳定的工作，但面对这所市内最高等级的大医院的诱惑，她们不得不面对优胜劣汰的竞争与角逐。毕业的时间一天天临近，她们好姐妹之间的较量也越来越激烈，但自始至终，她们都是公平竞争，并且互相鼓励，互相祝福，她们都有着一名合格医护人员的优秀素质。为了决定最终留用谁，医院对实习人员进行了一场测试，可结果证明几个人都实力相当，医院也为取舍问题犯难了。但现实无法更改，她们之中只能留下一个人。

几个好姐妹中，开始有人表示省里的大医院离家太远，自己早就做好了毕业后回家的打算，有的人干脆说，她可以进其他的小医院……她们满怀情谊的谎言带来的是更多感动和难以取舍。

一天，她们突然同时接到医院的紧急通知，一名孕妇在家摔了一跤，要求她们立即跟着出急诊。她们匆匆地上了急救车。只见车上坐着的是副院长和主任医生，外加两名护士，再就是她们这几个实习生了。这么隆重的阵势让她们受惊不小，她们都感到了一种前所未有的紧张。有名护士悄悄地问院长，是什么重要人物，为何如此兴师动众？院长像往常一样，脸上不露声色，只言简意赅地说，要去救治的孕妇情况特殊，让所有实习生跟着去观察学习。她们心想原来是院里给的最后学习机会，一定要认真对待，好好珍惜。随即，车内一片寂静。

那名孕妇住得很偏僻，但救护车很快就到达了目的地。病人已经折腾得满头大汗，她们小心谨慎地帮忙把产妇抬上车，这时发现一个问题，孕妇的丈夫还在下面，而车上已经没有空座了。大家都知道，病人进入医院抢救，必须要亲属跟随。大家都下意识地看看院长，而他正忙着为孕妇做检查，头都没抬便说："开车！"在场的所有医护人员，包括那几位实习生都愣住了。就在大家不知道该如何是好的时候，一名实习生突然跳下了车，她主动让出座位给家属，示意司机快开车。救命的车启动了，开始风驰电掣地赶往医院。等那名实习生风尘仆仆地回到医院时，孕妇已经脱离危险并结束治疗。她迎面遇到从急诊室出来的副院长，副院长停下来，看了看她问："你怎么没跟着回来，这可是一次很重要的学习机会呀！"她气喘吁吁地说："抢救病人要紧，如果病人家属不上车肯定会影响治疗的。咱们医院那么多医生、护士，我参不参加治疗对病人也没什么关系。"

三天后，医院公布留用人员的名字，幸运者就是那位一心想着病人的下车者。院长简短地解释说："上次的那个急救其实是一场测试。

有时我们需要不把自己想得那么重要，才能更重视他人的生命。"

　　无论我们在哪个地方，干哪行哪业，都要记住一句话，要想成为飞翔的天使，就得看轻自己，重视他人。

认识镜子里的人

　　他有儿有女，妻子贤惠善良，自己创业开了一家小工厂。他把所有的财产都投在了自己的工厂里，但由于世界大战爆发，工厂所需要的原料一下子全部短缺了，因此他只能宣告破产。

　　失去了的事业的打击使他心灰意冷，他离开妻子儿女，开始到处流浪。巨大的损失萦绕在他心头，挥之不去，无论走到哪儿，他都被自己的失败折磨着。这种痛苦与难过压得他喘不过气来，有时候，他感觉自己已经无法承受，难过得想自杀，以一了百了来摆脱烦恼。

　　一个偶然的机会，他被一本名为《自信》的书吸引了。他隐约觉得从中找到了成功的希望和勇气。他决定拜访这本书的作者，以求得走出失败的诀窍。

　　当他找到作者，满怀激动地讲述完自己的坎坷经历，那位作家却对他说："我耐心地听完了你的故事，我也希望自己能给予你帮助，但实际上，我确实帮不上你什么忙。"

　　他顿时脸色苍白。他低下头，喃喃地说道："那我是彻底只有死路一条了。"

　　那位作家顿了顿，随即说："虽然我没有办法帮你，但是我知道有一个人可以帮你东山再起，我可以把他介绍给你。"一听到这句话，他立刻跳了起来，紧紧抓住作家的手，说："请你带我去见他。"

　　作家把他带到一面大镜子面前，用手指着镜子说："这就是我要介绍给你的人。在这世界上，除了他，没有人能够帮助你，就看你是否相信他了。"

他盯着镜子里的人，向前走了几步，细细地把镜子里的人从头到脚审视了几分钟，然后退几步，他低下头，低声呜咽起来。

几天后，那位作家在街上碰到了他。他头抬得高高的，步伐轻快有力，看上去朝气蓬勃的样子。作家吃了一惊，差点儿没认出来他。"那一天我在你家里，对着镜子认识了我自己，我找到了自信，我绝对不能一直做一个流浪汉。现在我重新开始工作，并从老板那里预支了一部分钱，我相信成功就在不久的将来等着我。"他意气风发地发誓说。

他还风趣地对作家说，将来有一天，自己还会去再次拜访镜子里的"他"。那时候他将带一张签好字的支票，让作家自己填上金额，赠送给"他"。他非常感谢作家把自己介绍给他。

小故事大道理

从自己身上找到自信，它会带给你无穷的力量。如果将它遮藏，不去认识全新的自己，那么将永远无法走出失败的阴影。

谁说你丑

多年前，她还是加拿大渥太华郊外一所小学的学生。她的父亲在那儿有一个奶牛场。

有一天放学后，她哭着回到家，父亲看她委屈的样子，便问她发生了什么事。她抽泣着一个字一个字地说："一个同学说我长得难看，还说我走路的样子特别丑。"父亲听后，笑着拍了拍她的脑袋。忽然他说："我能够着天上的太阳。"她不停地擦着眼泪，听到父亲小声地言语，感到很奇怪，没明白他的意思，便问父亲："你说什么？"

父亲又重复了一遍："我能够着天上的太阳。"

她忘记了哭泣，抬头望望蓝天。天空中太阳发出刺眼的光芒，想要直视都很困难，父亲够得着？

只听父亲得意地笑着说："你不信我说的话，为什么要信那个同学的话？显然，有些话并不可信！"

从那儿以后，她明白了，要有自己的主见，不能过于在意别人说的话。

长大后，她成为一名颇有名气的演员。刚入行的时候，有一次她答应会去参加一个集会，可不巧的是，那天下起了大雨。经纪人劝告她说，天气会使那场集会到场人数大减，会场气氛会很冷清，她应该把精力重点放在其他一些大型活动上以增加自己的名气。可她坚持到场参加，她说答应了就要兑现诺言。

结果，那次在雨中的集会，因为有了她的出席，参与的人数逐渐增多，她的名气和人气也因此获得了惊人的提升。

后来，她又根据自己的想法，离开加拿大去美国开创演艺事业，并盛名海内外，她就是著名演员索尼娅·斯米茨。

小故事大道理

认识自己，相信自己，不要随便被恶意的言语打倒。自己拿主意，忠于自己的判断，才能有自己的想法、主见。

伊莎贝拉的花

当我走进小院时，女主人伊莎贝拉蹲在花池里，正在照料里边的花儿。春天刚到，满院子的花儿争相竞放，很是动人。听见我的问候声，她看向我，带着和这春天一样柔美的笑。她化着精致的淡妆，衣着合体且整洁，虽然是在劳作，但这样的衣装去参加约会也毫无问题。我心里感觉暖暖的。这位女主人是快乐而和善的，必然也很好相处。我为这种舒服的相识感到高兴。

我是伊莎贝拉为儿子凯米请的家庭教师。在他们母子搬来这个新住处的短短十多天里，我已经是第五位了。中介负责的人提前说过，伊莎贝拉的小儿子非常难缠，可我刚来异国他乡，特别需要工作和钱，所以我无奈，还是来到这里。

伊莎贝拉张了张嘴，好像要喊谁，但没说出口，笑了笑，领我去看我的住处。房间在二楼，很整洁，很朴素。让人眼前一亮的是桌子上一盆鲜艳的花，我叫不上花的名字，但喜欢它火红地怒放。明媚的花朵在风中轻轻摇曳。

女主人和房间给了我深切的好感，也消解了我对那个难缠的小男孩的忧虑，此时，我相信一切都不是问题。

后来，见到了十岁的凯米，他看上去不像传说中的那么刁蛮古怪，样子却很乖巧可爱。他对我笑笑说："老师好。"他和他母亲的笑容很像。他从怀里拿出一个相框，展现在我面前说："看，这是我姐姐，我要和她一起听课。"我有些愕然，不知道这是怎么回事。伊莎贝拉一直保持着微笑，她解释说："姐姐去了天堂，暂时不会回来，所以您只需要教授凯米一个人。"我惊奇地看着凯米，心想，也许他并不像看上去这么可爱。

我开始正式"上班"，伊莎贝拉安排好我后就出门了。凯米要我和他先到院子里玩耍。他带着"姐姐"，还对我说了很奇怪的话："这次你不会被我赶走了，我想妈妈一定会坚持的。她是最有力量的。"

那天我和凯米相处得很融洽，我们一起做游戏，当然也带着他"姐姐"。晚上伊莎贝拉回来了，她买了丰盛的晚餐，摆放餐具时，一共是四份，还是带着"姐姐"。

在满园春色的凯米家，我的新工作每天都很愉悦，可是，凯米的爸爸一直没有出现，也从来没被提及过。

伊莎贝拉每天早晨七点出门，晚上九点才回家。她出门前后几乎没什么变化，依然衣装雅致，面带微笑，高雅优美。她对我的态度，一直像第一次见面时那么友好。而教凯米读书，一点也不费劲儿。我空闲的时候就收拾屋子、做饭、打理花草。我发现，所有房间的桌子或窗台上都有一盆不知名的火红的花，随风起舞，暖意洋洋。伊莎贝拉很少休息，如果有时间，她会和凯米一起听我讲课，或者伺候院子里的花草，她总是神情恬静安适。

有一天我实在很好奇，忍不住问凯米为什么要气走前几位家庭教师，而且是在那么短的时间里。

凯米看了看我："妈妈爱我，我也爱妈妈，我不想她为我花这笔钱。我没有捣乱把你气走，是因为，我知道妈妈会坚持下去。"我惊讶："你们缺钱吗？""我们卖掉别墅，在结付佣人的薪酬，买下这所院子后，应该就所剩无几了，妈妈没有告诉我但我能猜到。虽然妈妈总是能解决一切问题，但我希望能帮上她一点忙，让她轻松些……你一定很奇怪我爸爸去哪儿了，也就四个月之前，我和妈妈出国玩儿的时候，他带着家里所有的钱和一个年轻的女人私奔了，姐姐在追他的路上出了车祸离开了我们。我们没有足够的钱维持原来那样的生活，才搬到这里来……"

我一下子明白，伊莎贝拉很多时候欲言又止，她是习惯性地想喊用人。是的，几个月前，她还住着豪华的别墅，家里有专业的用人，是两个可爱孩子的母亲。可不幸就这样忽然降临，除了凯米，她几乎什么都没有了。按常理，生活发生了这样的变故，她应该觉得自己十分悲惨，痛恨抢走她丈夫的年轻女子，抱怨世界的不公平，同时像受害者一样倾诉她的遭遇。

然而她没有。凯米说妈妈有一次偷偷哭泣，被他发现时，很快就又笑容满面。他怕妈妈把悲伤都藏在心里会受不了，所以故意淘气，好让妈妈发泄，但是妈妈还是跟以前一样，从不打骂他，只是安详地和他交谈。他最担心的就是妈妈会撑不住。他对我说："但是，时间都快过去半年了，难道妈妈还会撑不住吗？"凯米的眼睛里满含近乎崇拜的光芒，他在看着房间里窗台上的红花。

我不知不觉脸上滑满了泪水，而凯米居然平静地微笑着安慰我。

我们相信，伊莎贝拉已经教会了凯米最好的品质——内心的坚强。当生活中的一切都背叛你时，只有强大的内心可以拯救自我。

亮出你自己

小时候，无论在哪位老师的课堂上，我都很害怕举手回答问题，同样，我发现周围的同学也和我一样。每当老师课上提问时，我们总是习惯性地把头低下去，快速躲避老师希望的眼光。

一次数学课上，一位来自计算机行业的专家演讲。站在台上讲演的人，总是需要台下听众积极配合的。当他问道，在座的同学有多少人想学计算机时，班里鸦雀无声，没有一个人响应。但事实上，我们班里很多人，包括我自己都有选修计算机的想法，可是由于怕站起来在众目睽睽之下回答问题，大家都沉默不语。那位专家苦笑了一下说，咱们先来听个故事，话题稍后再继续。

他讲到自己初到美国留学时，学校里经常举办讲座，并且每次邀请的都是微软等世界知名企业的管理人员来演讲。

他发现一个怪现象，每次演讲开始前，他座位周围的学生总是在一张事先准备好的硬纸板上，大大地写上自己的名字，然后放在身边极其醒目的地方。这样，当演讲者提出问题，需要得到响应的声音时，他就可以直接叫出想要回答问题人的名字。

当时那位专家，对这种做法很不解，他疑惑地问旁边的同学。同学告诉他，站在台上演讲的人都是社会精英，这些一流的人物就意味着机遇。当他对你的答案感到满意或惊讶时，很有可能就预示着你会得到他提供给你的机会。道理就是这么简单。

事实也证明确实如此，他亲眼见证了几个回答问题的学生，因独特的见解，争取到了一流公司的职位。

专家感慨道，他对这件事的印象相当深刻，一直到现在仍受其影响：机会，需要你擦亮自己，将别人的目光吸引过来，使自己更醒目，才有获得机会的可能，机会不会主动找上门来。而在这方面，我们的学生就有点勉为其难，他们太过内敛，面对机会，有点怯弱，文化或内心的束缚，让他们过于含蓄，他们不习惯在众人面前彰显自己的优势与价值。

"我相信，你们中的每个人都有凌云之志，但是首先你必须找到赏识你的人，让他看到你身上的光芒，而沉默会很容易将亮点隐藏。"专家满含真诚与希望。

听完后，有人笑笑，有人不屑一顾，但是班里明显有很多只手举了起来，或做一些暗示：我要回答。

小故事大道理

在人生的跑道上，第一步先于他人，很可能就意味着最终的胜利，所以我们的一切成败得失，都与你是否敢于突破自我密切相关。

被困的章鱼

他是生长在海边的孩子，各种鱼类对于他来说，已经司空见惯，毫无稀奇可言，但他对章鱼总是另眼相看，说不上是喜欢，大部分是同情与怜悯吧。并且这里面还有一段引人深思的故事。

故事发生在五年前，那时候，他马上就要准备高考。可能是由于真的有所谓的考试恐惧症，那时候他总是暴躁易怒，心神不宁，做什么事也安不下心，自然成绩也随之高低起伏，很不稳定。老师也曾开解过他多次，但他还是无法让自己平静下来。

有一天，海边的阳光像寻常一样金光灿灿，爷爷忽然招呼他一起出海打鱼。"我还要复习呢！您不知道这是什么时候吗，您不知道过几天的考试对我，对咱们家，甚至咱们整个渔村有多重要！

您就别捣乱了！"他气不打一处来地回应着爷爷的笑语召唤。"乖孙子，你只顾学习，也没出过海，咱们就出去一会儿，爷爷不会影响你复习的，你就当陪爷爷去晒晒太阳成不？"爷爷并没因为他的烦躁而打消带他出门的念头。看着爷爷近乎请求的样子，他有些惭愧，再也狠不下心来拒绝爷爷了。他收拾好书本，答应跟爷爷出趟海。可就像自动播放放映片似的，他离开书桌后满脑子还是复习重点，一周后就要举国考试了！

一路上，爷爷没有再理他，而是让他自顾自地想着作业题，吹着海风，踩着银沙，沐浴着朝阳。说来也奇怪，他在海边没走几步，纷扰繁杂的思绪就被将顺了，海风吹散了难解的函数方程式，阳光照亮了挥洒的汗水：题没那么难，其实他已经复习得差不多了！想到这里，他紧跑几步，赶上爷爷，讨好地问："爷爷，你说咱们能打多少鱼？肯定能满载而归吧。"爷爷笑笑，带领他上了出海的船。

说是出海，可船刚离开海岸，开到浅海，爷爷就关掉了发动机，任船漂在海上。他好奇地心想，在这儿怎么能打到鱼，便好奇地问："爷爷，你怎么把船停下来啦？"

爷爷微笑不语，他没有拉网抛撒，只是从船上的一角拿出了几个小瓶子，瓶子直径只有五厘米长，瓶口也就是一个铜钱的大小。爷爷将小瓶子用事先准备好的长绳子串在一起，然后将瓶子扔向海底。这时，爷爷终于发话了："咱们今天不干活，就出来随便看看。我教你另一种打鱼方法。你猜我一会儿把瓶子拉上来，能不能打到鱼？"爷爷神秘地笑着。他回答："您这种方法打到水草都困难！"

过了一会儿，爷爷开始往上慢慢拉拽绳子，他十分不屑地望着，等着看爷爷的笑话。终于瓶子露出了水面，透明的玻璃面后面除了些海水，好像还真有什么！等爷爷将瓶子捞到船上，他吃了一惊，那瓶子里活蹦乱跳的不正是鱼吗！可细细一看，他发现瓶子"钓"到的竟是同一品种的鱼——章鱼。

爷爷看出了他的不解，将鱼倒出来，开口说："其实章鱼的体积并不小，可它没有脊椎，最喜欢钻进海螺里躲藏起来捕食，这是它的厉害之处，可它却因此成为我的猎物。身体无比柔软的章鱼，看到瓶子，就会不明所以地往里钻，不论瓶子有多么小、多么窄。"爷爷看看若有所思的他，接着说："是什么困住了章鱼？是瓶子吗？可瓶子躺在海里，不会动，更不会发起攻击。是章鱼困住了自己呀！它已经很厉害了，但却总向着最狭窄的地方走，最后游进了死胡同，把优势变成了羁绊，最终深陷险境。"

听了爷爷的话，他觉得自己就像那章鱼一样，明明可以丢掉书本，自信地奔赴考场，却为此担忧不已。而这考场，不仅是高考，更包括人生的考场。

小故事大道理

学习、生活中，我们总少不了遇到自认为无法解决的磕绊和束缚，其实，囚困我们的不是别人，而是我们偏激的态度和庸人自扰的心态。

内心的颜色

他推着飘满氢气球的自行车，穿行在大街上。不论走到哪儿，他都是孩子们欢迎的对象。

这天他带着五颜六色的气球来到公园，立即便涌上来一群白人小孩，他们高兴地欢呼着。买完气球，孩子们跑远后，忽然另一个黑人孩子走上前来，他怯生生地来到自行车旁，目不转睛地盯着飘扬的气球，用略带恳求的语气小声说："我可以买一个气球吗？"

"当然可以，"他微笑地看着那个孩子，友善地说，"你想要什么颜色的？"

小男孩鼓起勇气说："我想要一只黑气球。"

他心中一惊，想着怎么才能劝慰这个黑人小男孩，并且不伤害他的自尊。但紧接着，他就拿起一个黑色的气球温和地递给小男孩。

孩子接过气球，开心地笑了，他小手一松，黑色的气球悠扬地飞翔起来，一点黑在微风中冉冉升起，是那么自信、轻快。

他看着高飞的气球，用手轻轻地拍了拍男孩的小肩膀，对他说："气球能升起来，不是因为它外表的颜色，而是因为它里面的气体。"

小故事大道理

外貌、出身，甚至种族，都无法决定我们的命运，而自信、坚强的内心，既能让你勇于面对生命中的一切，也会给你指引通往天空的方向。

你还不是最惨

曾经有一个中年男人，他家里有七个孩子，但是贫穷的他只有一间小木屋可供全家居住。

有一天，他因为局促的居住条件十分难过，想自杀的心都有了。他来到智者那里求教。

他说，我们一家九口人挤在一间小木屋里，整天吵吵嚷嚷，我的家就像地狱一样，我感觉自己就要活不下去了。智者说，我有办法解决你的困境，但你一定要按我说的去做。男人听后，高兴地答应了。谁知智者让他把家里的两只兔子、一只山羊和一群鸡都带到屋里，与他们一家人住在一起。男人听后极为震惊，可是自己有言在先，答应了智者言听计从，最后只好按他说的去做了。

第二天，那个男人又来找智者，他痛苦不堪地说："按照你的主意，我家的情况糟糕透顶了，现在我的家真变成了地狱，我还是去死吧！"智者不紧不慢地说："你回到家，可以把两只兔子赶出房间。"过了一天，男人又来了，他仍然满面愁苦，他哭诉说，那群鸡把屋里搞得一团乱，他还是像生活在噩梦里一样。智者不慌不忙地说："回去把那群鸡撵出房间就好了。"过了几天，男人又来了，他还是很愁苦的样子，他说："那只山羊撞碎了所有的餐具，请你想想，人和牲畜住在一起的痛苦吧。""是啊，已经够痛苦了，"智者说，"马上回家，把那只羊牵出去吧！"

当天晚上，那个男人找到智者，满面笑容，喜不自胜，他跪下来拜谢智者说："现在所有的牲畜都赶出屋了，我们的房子是那么干净、宽敞、安静。谢谢你把宁静的生活又还给了我，你不知道，我现在有多快乐！"

小故事大道理

生活的乐与忧取决于我们面对的心态，没有最糟糕的处境，只有最无望的内心，心灵不绝望，便有改变生活的信心和希望。

一辆车赔两元

肯迪是一个自由职业者，他当过记者，做过教师，帮人打过官司，可都是业余的，没有固定收入，所以他一直有一个想法：买一部车。但是现在还不能实现。

肯迪现在的工作是在一家酒吧里做业余歌手，收入不高，可是，他每天都乐呵呵的。对什么事都保持乐观态度，是他的一大特点。他常说："今天过去了，明天太阳还会升起，生活就是过好今天，准备迎接新的一天。"

肯迪爱车，可因为"今天"资金总是不充裕，而终未实现。与人聊天的时候，他总是说："要是我能拥有一部车该多好啊！"眼中充满了对"明天"的向往。有朋友开玩笑说："中彩票不就可以了吗?"

有一天下班，路过楼下的彩票点，他果真掏出两元钱买了一张体育彩票！可能是上帝那天休息，听到了他的愿望，开奖后，肯迪中奖了！他得到了上帝的优待，凭两元钱中了20万的奖金。

肯迪如愿以偿，他终于有了属于自己的车。肯迪开着车出去兜风，酒吧也经常缺场。人们经常看见他唱着歌在公路上行驶。

肯迪把车当成宝贝一样，爱护有加，他总是把车擦拭得一尘不染，十分光亮。然而有一天，肯迪把车停在楼下，可半小时下楼后，发现那部车不翼而飞了。

"天呐，肯迪的车被盗了？这真是个坏消息，他那么爱车如命，我猜他会难过得受不了的。""是啊，20万一眨眼的工夫就没了……"朋友们得知消息后，议论纷纷，都很替他可惜、难过。

担心肯迪受不了这个打击，朋友们相约一起来安慰他："肯迪，一切都会过去，你不要太伤心呀！"

"嗨，伙计们，我为什么要伤心呢？"肯迪大笑着说。

朋友们你看看我，我看看你，都疑惑不解，心想肯迪是不是悲伤得疯掉了。

"你们认为不小心丢了两块钱，值得伤心吗？"

"当然不会！"

"是啊，我只不过是赔了两元钱而已！"肯迪解释说。

小故事大道理

不是乐观的人总能找到不悲伤的理由，而是事情本来就有很多面，快乐与否，就看你想看到哪一面。

傲慢的跌落

有一位公司的大老板将自己的办公室设在了一座高档大厦的二楼。每天下楼，他都会选择走楼梯，而上楼，即使是从一层到二层，他也会选择乘坐电梯。这是他的惯例，也是那座大厦里人们的饭后谈资。

他是个固执且傲慢的人。他有过忍饥挨饿的贫困经历，后来白手起家自己创业，又经过一番磨难，终于获得了他想要的成功。他为自力更生取得成功而骄傲，可内心深处又为曾经的自己而自卑，所以他不管走到哪儿，都希望被别人认为是一个体面人。生活中谨小慎微的他，处处在意别人的眼光。

他虽然遵守着社会上的一切规则：按时交房租、按时发工资、按规定纳税，但他一向独来独往，对那些吊在高空中给大厦擦窗户、给办公室暖气烧锅炉以及管理电梯的人，根本不屑一顾。在过感恩节的时候，更不会送给他们一点酬劳，甚至一声祝福。在他的世界里只有希望别人高看的体面的自己。

大厦里有一位打扫卫生的十分贫穷的老妇人，他常常从她身边经过，但直到最近才留意到她的存在。

有一天下班他从办公室出来，要走下楼梯，他高高地抬着头，一心想着怎样赚更多的钱。这时，那位老妇人正在从一楼开始检查楼梯是否已打扫干净。她在一楼的最上面一级阶梯上放了一块备用的肥皂，不料，那位老板下楼时，不偏不倚正好踩在上面。

那位尊贵的老板顺势滑落下了楼梯，随着人与地板碰撞出的几声打鼓一样的闷响，他跌落在一楼最后一级阶梯上，两只脚劈叉一样将他摔了个底朝天，而那位老妇人也正毫不在意地站在一楼的某一级阶梯旁。

最后，他顾不上疼痛，急忙从地上站起来，甩甩袖子，故作无事地走出门去。他想过开除那名清洁工，但又担心她把自己的尴尬糗态说出去，惹人笑谈，于是他试着沉默了。

但自从那天起，他常常慎重地故意经过那位老妇人身旁，观察她看到自己后表情有什么变化，并且头脑里时不时会浮现那难堪的一幕。

茶余饭后，人们说他的事故并不可笑，反而他应该为自己打破了那位老妇人平凡的一天而高兴，因为没有人会高贵或威严到可以忽略周围的人的地步，上帝创造的是平等的人，他在众人眼中也就没有高傲与卑微之分。

小故事大道理

活在自己的世界里，固然有益于获得一颗强大的内心，但要注意打开心与外界友好地沟通交流。如果心灵之窗紧闭，活在别人的眼光下便会很累，殊不知，别人根本顾不上在乎你的点点滴滴，是我们妄自把他人的眼睛当成了放大镜，还臆想着它们总盯着自己看。其实在别人的生活中，我们真的没有那么重要，不管你是富翁还是平民，做自己，真实就好。我们可以用尽量少的钱获得尽量多的愉悦，有时候，快乐跟金钱无关。

辑　六

博爱——抚慰众生的悲悯

不用说谢谢

杰克出生在美国一个不知名的小镇上，他没接受过几年教育便走上社会为自己的人生打拼了。

有一次出门旅行，驾车独自行驶在宽阔的洲际公路上，杰克忽然看到一个示意求助的手势。他停下车，问明情况。原来对方是一家人外出来旅游，可车子居然坏了。这里广阔而荒凉，要遇到人真是很不容易。杰克望望路边抛锚的汽车，以及焦急等待救助的一家人，毫不犹豫地打开车门，走了出去。

杰克检查了车辆，并不辞劳苦地修好了车。那家人十分感激，可想而知，车子在这里抛锚，要想打电话联系朋友来救助，至少也要等上五个小时，杰克的顺路而为确实是帮了他们一个大忙。一家人不停地说谢谢，并表示愿意付给上天派来的这位好心人不菲的酬金。

杰克礼貌地拒绝了，他随口说道："不用说谢谢！谁都会有遇到困难的时候，我相信你们以后遇到需要帮助的人，也会无私地伸出双手！"说完杰克便开车离开了。

很多年后，杰克到澳大利亚出差。在这次远行中，他竟然忘记随身携带治疗心脏病的急救药，这真是一个天大的错误！

经过一个小城镇时，他的心脏病发作了，一个陌生的当地人迅速开车把杰克送到医院，挽救了他的性命。

他真诚地向这个陌生人表示感激，并不停地说谢谢。这个澳大利亚人笑着对他说："不用说谢谢，我相信你以后遇到需要帮助的人，也会无私地伸出双手！"

杰克百感交集。他从来没有想过，自己当年的一句无心之语，会撒落到这个遥远的角落。

　　爱心会以接力的方式流传，像行为准则一样，使受到无私帮助的人以及乐于助人者铭记心中。

最美的钢琴曲

　　在这个音乐厅里，今晚有世界最著名的钢琴家及作曲家的表演。

　　这肯定会是一个令人难忘的夜晚，正式的晚礼服，黑色的燕尾服，人们穿着整齐，早早就来到安静的音乐厅，期待着一睹大师的风采。

　　台下的观众里坐着一位带着孩子的母亲，还不到十岁的孩子在等待中显得烦躁不安，他在座位上不停地蠕动。母亲希望他听听伟大钢琴家的演奏，接受经典音乐的艺术熏陶，能对钢琴产生兴趣。但孩子是情不得已被母亲带来的。

　　孩子好奇地看着舞台上暖暖的灯光下，那架精美的大钢琴，还有光圈里格外耀眼的乌木座椅，他被强烈地吸引住了，真想走上前去触摸一下。当妈妈转过身去跟旁边的人交谈时，他再也按捺不住，离开座位溜走了。

　　台下坐满了很有教养和高素质的观众，那些人正在交头接耳彼此寒暄。一不留神，那个淘气的孩子爬上舞台，坐到了钢琴前。他目不转睛地盯着钢琴上黑白色块，把微微抖动的小手放在琴键上，开始弹奏《两只老虎》。

　　观众忽然停止了一切交谈，他们将目光齐刷刷地转向台上的孩子，充满了奇怪与不悦。紧接着那群人像被激怒了一样，不满地叫嚷："这是哪儿来的孩子？制止他！快把他带走！"

　　正在做上场准备的钢琴大师听到外面的叫嚷声，很快明白发生了什么事。他急忙穿上外衣，疾步走到台前，轻轻地来到男孩儿旁边，伸出双手，温和地弹出配合《两只老虎》的和音。两人一起演奏时，大师微笑着小声说："很好，很好，不要停下来，继续弹，不要停止……"

台下的各种声音都瞬间平息，那群观众低下头聆听着这最美的钢琴曲。这是多么明智的爱啊！

小故事大道理

什么是伟大的艺术家？不是他受过多么高等的教育，穿着多么名贵，而是遇到意外的音符，给予能配合、安慰与鼓励：继续下去，不要停止，不要放弃。

等待骑马过河的人

在一个北风呼啸、寒冷刺骨的初冬，老人站在河边等待过河。可是那里唯一的一段木桥已经塌了，半米多深的河水也只结了一层薄薄的冰。要想过河，老人只有请求骑马的人带他一起到对岸去。

等了一段时间，他终于看到一群骑马的人走过来了。他看着第一个通过，然后第二个、第三个、第四个……他等到大多数骑马者顺利通过后，走向排在最后的那个骑马的人。

老人来到他面前诚恳地问他，能否让自己跟他一起骑马过河，那位最后的骑马者不假思索地说："没问题，请上来吧！"

来到对岸，老人下马站好，向他致谢后，正要转身离开，那位骑马人忽然叫住老人，笑着问："先生，我观察到其他骑马的人经过您面前时，您一直没有向他们请求帮您过河。但是您却走到我的马前，毫不犹豫地要求跟我一起过河。您为什么要求我而不要求别人呢？我有点不理解。"

老人坚定地回答道："其他骑马者的眼睛告诉我，他们过河很不耐烦，他们心中没有足够的爱，所以我要求和他们一起骑马过河也是徒劳。但是你的眼神里散发出乐于助人、真诚与同情，你让我感受到了爱，你看，事实证明你愿意和我共骑一匹马过河，不是吗？"

那位骑马的人听后谦逊地说："谢谢，真的很感谢，我想我会一直记得您的话。"

和老人分开很多年后，那位骑马的人入主了美国白宫。

小故事大道理

什么是爱？什么是美？什么是真？这些并不久违却在这个时代略显空洞与虚远的字眼儿，其实就在我们经意或不经意的眼神里。如果你是最后一位骑士，老人会不会请求你带他共同骑马过河？我们的一言一行都会表露出爱的能量以及美的能力。用心去经营自己，我们的眼睛会把这灵魂的成果，像书一样展现在世人的眼前，供他们阅读。

救命的问候

20世纪30年代，每天傍晚他都会按时去村外的那条乡间小路上散步，无论在那儿遇到谁，他总会热情地问候一句："您好！"他是一名犹太教师。

其中，有一个叫昆勒的年轻农民，他第一次听到这声问候时，反映很冷漠。在当时，村子里的居民都很看不上犹太人，因而对他们的态度很不友好。可是，人们的冷漠改变不了犹太教师的热忱之心，每天傍晚，他仍然给散步时遇到的每个人道一声日安，包括那名冷漠的年轻人。终于有一天，那个叫昆勒的年轻人停下匆忙的脚步，也向犹太教师道一声："你好！"

十年后，纳粹党上台执政。

那一天，纳粹党抓捕了村子里所有的犹太人，准备把他们送进集中营，当然那位常常热情地向人问好的犹太教师也在其中。"一、一、二……"在出发前，那些犹太人被一个手拿指挥棒的德国军官指挥着分成了两列上车。站到第一队就意味着死路一条，而被指向第二队的则还有生存下来的可能。

那名犹太教师马上就要被点到了，他控制住自己的悲苦，走到指挥官面前。他沉重地抬起头，毫无希望的眼光忽然碰撞到了什么东西。

"日安，昆勒先生。"犹太教师条件反射似的脱口而出。原来他遇到了一双熟悉的眼睛，竟来自决定自己生死的指挥官。

昆勒先生面无表情，依旧凌厉、冷漠，但也禁不住回了一句问候，"日安！"昆勒用几乎只有他们两个人才能听到的声音，轻轻地说。

最后的结果是：犹太教师被分到了第二队，获得了一线生机。

小故事大道理

人不是无情的草木，往往很容易被感动。要想感动一个人，无须多么惊天地泣鬼神的付出，其实一个温暖的微笑，一句亲切的问候，就足以打开他人的一扇心窗。

你需要拥抱吗

菲利尔德是个已经退休的老师，他从小就很有爱心，他在自己的人生中不管做任何事，总是以爱为前提，他相信爱是最伟大的力量。因此他总是忘不了给别人关爱的拥抱。他的同事给他取了个有趣的外号："抱抱老师"。

大约三年前，他发明了一套所谓的"拥抱设备"。那是一个可以打开，也可以装下无数稀奇古怪饰物的神秘纸盒，外面写着："一颗心换一个拥抱。"里面则包含 50 个精致的小红心，小红心还可以很轻易地贴在人身上。他常带着那套设备到人群中，送出一个红心，换一个拥抱。

菲利尔德因此声名大噪，于是他经常被邀请到慈善大会上去做演讲；他一直乐于分享"爱是无条件的"这一概念。

一次，在华盛顿的会议中，一家小媒体向他提出质疑："参加大会的人都是主动报名前来的，拥抱他们当然很容易，但最大的挑战在现实生活中，这种爱肯定是行不通的。"他们要求菲利尔德在华盛顿街头拥抱路人。

大批的电视工作人员尾随菲利尔德来到路边，进行现场追踪报道。

首先菲利尔德向经过的一位老妇人打招呼："嗨！我是菲利尔德，大家叫我'抱抱老师'。我是否可以向你用一颗爱心换一个拥抱？"老妇人欣然同意，那些记者则觉得这太简单了。菲利尔德看看四周，他走到一位刚刚给司机开好罚单的女交警面前，从容不迫地说："我是'抱抱老师'，你需要一个拥抱吗，我可以用一个心加一个拥抱送给你吗？"女警点点头表示接受，紧紧跟在后面的摄影机又拍到了一个拥抱。

一位媒体评论员出了最后的难题："大家都知道华盛顿的出租车司机脾气很坏，总爱抱怨，相当难缠，你可以从那边那个黑人司机身上得到无条件的爱吗？"菲利尔德坦然地走过去跟车里的司机攀谈："嗨！我曾经是一名教师，我现在被叫作'抱抱老师'。开车的压力很大吧！拥抱能让人卸下重担，继续轻松工作。你是不是需要来一个拥抱呢？"那位肥壮的黑人司机走下车子，高兴地说："好啊！"菲利尔德给了他一颗红心，当然还有一个拥抱。

在场的记者都无言以对，最后，那位评论员也不得不服输了。

一天，菲利尔德的朋友罗拉画着小丑的脸谱，穿着小丑服来拜访他。她是个职业小丑，她来邀请菲利尔德带着爱的设备，一起去探望残疾之家的朋友。

他们到达之后，便准备给那里的病人分发礼物，并拥抱他们。可是看到临终的病人、深度智障者以及四肢瘫痪的人，菲利尔德有点难过，因为他从没拥抱过病人。刚开始菲利尔德很勉强，但没过多久，在罗拉和看护人员的鼓励下，他觉得拥抱这些弱者变得很容易。

几个小时之后，终于轮到了最后一间病房。在那里，菲利尔德见到了前所未有的糟糕景象，这个屋子里的 20 个病人也是病友之家病情最糟糕的。他们要做的便是将气球、帽子、红心送出去，并深深地拥抱他们。菲利尔德心中变得复杂起来，他不敢肯定自己是否能做到满怀爱心地去拥抱这些上帝的弃儿。但看着房间里信心满满的医护人员，他受到了鼓舞，走上前去将小红心贴在他们胸前，还给他们戴上可爱的帽子。

最后菲利尔德来到最后一个病人利纳·奥德面前。奥德是一名重度残障者，他穿着一件蓝色睡衣，表情呆滞地流着口水。看到他的样子菲利尔德想跳过去不管他，罗拉看出了朋友的心思说："上帝不会放弃任何一个孩子，利纳·奥德，他也是我们其中之一。"说着她滑稽地给奥德戴上了气球帽，菲利尔德深呼吸一下，弯下腰抱住奥德，还贴了一张小红心在他的蓝睡衣上。

突然间，奥德开始呵呵大笑，房间里其他的病人也兴奋地不住欢笑。菲利尔德正好奇是怎么一回事儿，只见看护人员们都高兴得哭了。

他永远都忘不了罗拉的解释：这是奥德 21 年来第一次大笑。

小故事大道理

让别人的生命有一点亮光，并因此而微微不同，是多么简单啊！

当一天的消防员

一位母亲坐在病床前，注视着已是白血病晚期，即将不久于人世的儿子，她心中是那么的悲伤。她多么想能像其他父母一样，看着儿子长大成人，然后实现所有的梦想。如今这一切在病魔的纠缠下都不可能了，但她强忍住莫大的悲痛，下决心一定要帮儿子实现一个愿望。

她握着儿子的手问道："亲爱的，你想过自己最大的梦想是什么吗？你长大后最想做什么？""消防队员，妈妈。"儿子毫不犹豫地告诉母亲他一直希望自己将来做一名消防员。"我想想怎么让你的梦想成真，说不定你很快就能实现愿望了。"她掩饰住悲伤笑笑说。

她想请求消防队用消防车载着她儿子在街上转几圈，但又害怕被拒绝，使儿子的愿望落空。最后她还是忐忑不安地来到当地的消防队，找到了一位消防队员，向他解释儿子临终前的心愿。很幸运，那名叫大卫的消防队长先生有一颗博大的心。大卫说他们不仅可以满足那位母亲的想法，还可以做得更好。如果她在星期一早上八点把生病的儿子带到消防队，他们可以让他体验一整天的消防员工作。他可以到消防队来，和他们一起吃饭，一起出勤。关键是，他们可以根据他的尺寸帮他定做一套真正的消防制服，还有一顶带有徽章的真的防火帽，而不是玩具帽。这些东西都是在当地直接制造，所以可以很快拿到。

两天后，病床上的小家伙终于开始了实现梦想的旅程，他加入了当地的消防队，大卫帮他穿上消防制服，护送他从病室到消防车上。来到消防队，他感觉自己好像置身于天堂。

当天城里面有两处起火，他每次都可以跟着出勤执行任务。他乘坐神奇的消防车，后面跟着医院的救护车，还有消防队长的专车，甚至还有电视台新闻节目的录影队。

他为加注在他身上的所有的爱和关怀深深感动，由于美梦成真，他的生命比医生预期的整整延长了五个月。

一天晚上，他的情况突然变得很糟糕，所有的生命迹象开始急速消失，医生急忙发出病危通知。母亲知道他最满足的是担任过消防队员，因此她打电话给大卫："您能派一位穿制服的消防队员到医院来吗？我想他临终前也希望和队友做告别。"大卫一口答应，并许诺说他们会做得更好，他们所有队员都会开着消防车过去，但请医院听见警笛响、看到警灯闪时，不要误以为这是在出火警，这只是消防队员来见他们好伙伴的最后一面。

大约六分钟后，三部消防车到达医院，把云梯延伸到他病房的窗前，他可爱的消防队友从那儿爬了进来。他们拥抱他、与他握手，用充满爱意的眼神护送他。

他咽下最后一口气前，看着大卫说："队长，我可以算一名真正的消防队员吗？""算！毫无疑问。"队长肯定地点头说。

带着那句话，孩子微笑着闭上了眼睛。

小故事大道理

有爱就有温暖，爱的热度足以实现一个愿望，安抚一个灵魂，送别一个生命。

奶奶的一束光

从我刚刚记事的时候起，我就会叫奶奶的名字：希拉尔。她说婴儿时的我，嘴里吐出的第一句话就是"希希"，奶奶骄傲地确信我是在企图说出她的名字，直到现在她都特许我直呼其名。

爷爷去世时已经 80 岁了，他们共同生活的时间超过 50 年。希拉尔因此深感悲痛，她失去了生活的重心，从这个世界中退缩，隐藏在自己哀悼的壳里。在她无限期的悲伤里，我每个星期都去看她一次。

有一天，我去看希拉尔，还是抱着把她从伤痛中唤醒的一丝希望。但我进门却看到，她正坐在安乐椅上安详地摇着。我对她明显的转变感到惊讶，当我还没来得及回过神时，她已对我招手。

"你想知道我为什么变得这么快乐吗？你是不是也感到很好奇？"

"当然，对不起。"我向她道歉，"原谅我一时没反应过来。快跟我说说，为什么你这么快乐？是什么让你焕然一新？"

"因为我找到了答案，"她表示，"我终于知道上帝为什么带走你的爷爷并留下我一个人。"

希拉尔欣喜地说，但我不得不承认她的话着实吓了我一跳。

"为什么，希拉尔？"我问。

接着，就像要揭开世界上一个最大的秘密一样，她放低声音，身子从座位上向前倾，慈祥而确定地说："因为你的爷爷知道，爱才是人生的秘密，并且他每天都生活在爱中。他的一举一动都含有无限的爱。我能感受到他无限的爱，但我在生活中却流露不出足够的爱。这就是为什么他先走，而必须留下我的原因。"

她顿了一下，好像在考虑该怎么表达全部的想法，然后继续说："我一直觉得上帝带走你的爷爷，而只留下我一个人，是在因为什么而惩罚我，但现在我才发现被留下来是上帝给我的一种礼物。他让我留下来，以便让我转变到爱生活中，你看！"她指了指天空，接着说现在她已经明白离开人间就学不到这堂课，爱必须在人间才能体验，要等到离开时就太晚了。希拉尔表示她被赠予了延续生命这个礼物，所以她要开始学习如何生活在爱中。

从那以后，每一次拜访她，我都会听到她朝向目标所完成的一件事，她向我讲述自己从爱的生活中收获到的一个个惊喜。有一次我去看她时，她快乐地使劲摇动安乐椅，并说："你肯定难以相信我今天早上做了什么。"

当我好奇地摇摇头时，她兴奋地说："今天早上，你叔叔对我做的一件事感到很生气，但我都没有皱一下眉头！我接受了他的怨气，把它转化成爱，然后还给他快乐。令人感到有趣的是他的怒气全部消失了！"

虽然她的年纪越来越大，但她的生命却像获得了重生，变得生机盎然。在这之后的几年里，希拉尔每天都在履行她爱的课程。她有了生活的目标和继续活下去的理由。

在希拉尔人生的最后几天，有一次我到医院看她，当我走在通往她房间的过道时，一个照顾她的护士见到我说："你的祖母是个不一样的女人，我从来没见过她这样……像光一样。"

是的，爱的目标点亮了她的生命，一直到生命尽头，她也用爱的生活给别人带来了亮光。

小 故 事 大 道 理

当沉浸在无边的悲伤与不解中时，谁能说这不是上帝对我们的考验？转个弯儿，我们会收获快乐，会发现不一样的光。

美丽的奇遇

我独自潜到十米左右深的海水下，你不能想象我是多么悔恨不已。我明知不该单独下水，但没有一点暗流，温暖又清澈的水下是多么迷人呀。可我却过分高估了自己的体力。这次过度自信的冒险正赶上我当时严重的胃痉挛，胃一抽搐我就知道自己有多愚蠢了。我太不小心了，我试图解开加重腰带，可手指徒劳地根本够不着扣环。

我逐渐往下沉，可是由于胃抽搐又只得一动不动，我开始感到害怕。因为我看得到码表，心知氧气筒撑不了多久。我企图按摩腹部。虽然我没穿潜水装，却因胃抽搐弓着身子，两手老是使不上力。

我害怕就这样离开人世，我不甘心，我还有很多事没有做，我不想就这么不明不白地送命，我陷入无边的恐慌和焦急之中，我在心里呐喊着："有谁快来救我啊！"

这时我忽然觉得被什么东西推了一下，还心想可能是鲨鱼，真是糟糕！我被吓得心中一颤。就在我无比惶恐、万念俱灰时，却发现那东西在用力顶着我的手臂，接着我看到了一生来所见过的最美的一双眼睛——一只小海豚微笑的眼睛。我注视着它，感受着那温暖的善意，我知道我得救了。

它像海神一样托起我笨拙的身体，带我游向生的彼岸。我趴在它背上，惊喜地轻抚着它，我能感到它也在安抚我。在它的解救之中，我的痉挛也神奇地消失了，我心里感到既安全又轻快。我强烈地感觉到这一切都是它的恩赐。

浮到水面上之后，它也没有放弃我而是继续背着我游向岸边。当我们到了浅滩，为了避免它会搁浅，我使尽劲全力把它推向大海。但它却丝毫没有想动的意思，可能它是要确认我平安无事。

过了好一阵子之后，我已经完全缓过气来，我把身上的潜水装备都卸下来了，但是慈善的它还是没离开。我决定以同样的爱心奉陪我心爱的伙伴，我脱下衣服和它一起游向大海，终于，在辽阔的大海上我们像燕子一样自在、欢快地飞翔。这时，我看到外海有两只成年海豚在张望着它们美丽的孩子。

最后它又引送我到海边，看着已经筋疲力尽的我，轻轻叫了一声，转身离去。目送着它的身影，我依依不舍那和善的光芒，我希望时间永远静止在那美好的一刻。

感谢上天的恩赐——奇遇美丽的海豚！

生命是如此美丽，一只小海豚用爱心和智慧，让我们感受到了人生中的最美时刻，愿那一刻永远凝固，更愿那慈悲的心永安于所有的生命世界里。

爱的碎片

在我们的小镇上，每家每户只有在迎接客人时，才会用精美的厨具盛放不同寻常的菜肴。可和大多数邻居家不同，我的母亲通常都会把精致漂亮的瓷碗摆上餐桌，供我们自家人使用。

有一天中午，我正布置餐桌，一位邻居来我们家串门。正忙着做菜的母亲听到她的敲门声，无暇兼顾，便叫她自己进来。邻居循声进了我们家的大厨房，她一看餐桌布置得这么雅致，摆放的碗具也很不平常，便自告奋勇地表示："我猜你家一定是来了什么重要的客人，如果你招待不过来可以随时叫我帮忙呀。"

"不，我可以应付得了，但今天我家并没有来什么客人。"我的母亲回答。

"那么，"邻居显出困惑不解的表情，"为什么你把最好的碗摆出来，我们家只有在招待客人时才会拿出来，一年也就两次可以用这么好的碗。"

我的母亲笑笑说："哦，我今天为全家人准备了他们最喜欢吃的菜。为什么我们只能等到接待特别的客人时才可以精心布置餐桌？我们自己的家人对我们来说不是要比任何来客都重要吗，为什么不为自己的家人也这样做？"

"家人是很特别，可是你精美的瓷碗可能会打破……"邻居回答，她显然并没有完全听懂母亲的意思，或者说她不了解为何用这种方式来表现家人的重要性。

"哦，只要想到我们全家围在餐桌上用这些可爱的瓷具享受午餐，瓷器上的那些小瑕疵又算得了什么呢，简直微不足道。"我的母亲随口说。

她眨了眨眼睛，接着说道："况且每个裂口上都有一个故事，不是吗？"她看着邻居，认为身为两个孩子的母亲邻居也理应懂得这些。

看着邻居一副茫然不解的神态，她拿出一个盘子，那是一个被摔碎过又被一块一块拼好黏结的盘子，一道道参差不齐的纹痕还遍布在盘子的接合处。

"这个盘子是我最小的孩子出生那天打破的。"母亲说，"那天很冷，风又大！我五岁的女儿想帮忙把它摆到桌子上时，盘子掉到地上了。刚开始我有点不高兴，但我告诉自己：只不过是破了个餐具，没什么大不了，我不能因为一个盘子影响我们一家的快乐气氛。我还记得，用胶水拼接这个盘子的碎片，还给我们带来了不少欢乐！"

我相信，关于我们家的瓷器，母亲还有很多故事要说。

小故事大道理

你打碎过碗吗？打碗碗花，碎碎平安……那些记载生活中点滴的碎片就像花苞一样，静静绽放，所以面对这些小错，少一声责骂，少一声叹息，让心倾听花开。

记住爱

奥斯丁想不通外婆为什么越来越爱忘记事情，比如忘记把衣服放在哪儿了，去超市付完钱忘记拿东西，忘记自己上学的时间。

"外婆怎么了？"奥斯丁问道，"她之前做什么事都井井有条的，现在她看上去好像心不在焉，而且总丢三落四。"

"外婆正在逐渐衰老，"母亲说，"她需要关爱，宝贝。"

"人为什么会变老？"奥斯丁问，"每个人老了都会忘事吗？我也会吗？"

"并不是每个人老了都健忘，外婆可能是得了健忘症，这是一种会使人记忆力衰退的病，我想我们不得不送她去接受正确的治疗。"

"噢，妈妈！那太可怕了，外婆会舍不得她的小房子和我们的，有什么其他的办法吗？""可能会吧，但是我们只能这样做，护理员会很好地照顾她，她也会认识许多新朋友。"

奥斯丁感到很伤心，他根本不喜欢这个主意。

"我们能经常去看她吗？"奥斯丁问，"我想跟外婆聊天，听她讲故事。"

"好孩子，我们周末的时候可以去看她。"妈妈说，"我们还可以带礼物去送给她。"

"蛋糕可以吗？外婆喜欢香草蛋糕！"奥斯丁微笑着说。

"当然可以。"妈妈说。

第一次在护理院看见外婆时，奥斯丁真想哭。

外婆瘦小的身子蜷缩在一个叫日光室的房间中央，她正失魂落魄地看着外边的绿树。

奥斯丁跑上去抱住外婆说："看！我们带来了你最喜欢的香草蛋糕，你喜不喜欢这个礼物？"

外婆接过纸盒拿起小勺开始吃，她什么也没有说。

"我想外婆很喜欢，亲爱的。"妈妈安慰他。

"但她好像不认识我们。"奥斯丁失望地说。

"外婆需要时间，"妈妈说，"她现在刚进入一个新环境，她需要一个适应阶段。"

但是，下一次去看外婆，她还是老样子，只是微笑着看着他们，独自吃着香草蛋糕，从不说任何话。

"外婆，你知道我是谁吗？"奥斯丁问她。

"你是给我送蛋糕的小男孩。"外婆说。

"是的，但我还是你的外孙，奥斯丁，你不记得我了吗？"他说着，难过得快要哭出来了。

外婆无力地笑着。

"让我想一想，啊！你是送给我香草蛋糕的小男孩。"

猛然间，奥斯丁意识到外婆已经不记得他了，外婆正生活在一个只有她自己的世界里，那个世界里只有再也记不清的回忆和孤独。

"噢，我爱你，外婆！"奥斯丁说。就在这时他看见外婆脸上流下了眼泪。

"爱，"外婆说，"我记得爱！"

"爱！亲爱的，这是外婆最需要的！"妈妈轻轻地说。

"我每个周末都带着香草蛋糕来看她，然后拥抱她，不管她还记不记得我。"奥斯丁说。

小故事大道理

令人感动的祖孙俩，用两颗永恒不变的爱心告诉我们：最重要的是——记住爱，而不是一个人的名字和身份。

走错房间

星期六我和一个朋友去医院看望病人。我们在楼下买了一大束扎好的花，清香怡人，我们拿着包装精致的花束向咨询台的护士询问那位病人的房间号。护士忙得不可开交，匆匆翻了一下登记册，头也没抬就告诉了我们一个号码，我们挨个房间地对号寻找，终于在走廊尽头找到了那个病房，那里是一个光线阴暗的角落。

我们轻轻敲门，屋里传来有人走来开门的脚步声。门打开了，门内是一个满脸泪痕的妇女，她用沙哑的声音问我们有什么事。我们站在门口，吃了一惊。屋里只有一张病床，床上一角杂乱地堆放着一些日用品。病床中央蜷缩着一个小男孩，他的脖子上缠着白色的绷带，使他本来就缺乏血色的脸蛋看起来更加苍白。再看屋里的人，他们更是一脸惊讶。开门的妇女明显是刚刚哭过，看见我们，她一脸茫然的表情。小男孩先是眼中闪过一丝诧异的光，转而又继续呻吟起来。

这时，我们知道走错房间了。可朋友一点也不尴尬，他自然地把那一束美丽的鲜花递给了妇女，微笑着说了句：祝孩子早日康复。男孩的脸上顿时一片灿烂，像是洒满了阳光。妇女木讷地站在那儿，摸不着头脑地接住递过来的花，慌忙把我们往里让。

这时，朋友委婉地表示已完成任务，从容告别了还没弄清怎么回事的妇女。

走出病房，朋友说，他站在门口就觉得里边缺点什么，后来看到小男孩似喜又惊的眼神，他意识到病房的床头缺少一束花，而我们正好有一束。

听完朋友的话，我眼角有点湿润，我想要是我一个人遇到这种情况，自己肯定窘迫地关门，落荒而逃。这样，不断呻吟的小男孩说不定会受到一缕惊吓，而他被疼痛扭曲的脸也会在我的记忆里停留良久。朋友平日里充满爱心，这次，他用充满爱的应对行动给小男孩洒下了一片阳光。

小故事大道理

其实这束鲜花掌握在我们每个人的手中，它可以是风雪中的路人的一把伞，给他们前进的勇气，也可以是对遭遇不幸的同伴的一声鼓励，给他们寒冷的心带去一丝暖意。

离婚后的礼物

在一个寒冷的冬天，我经历了丢工作、离异等重重倒霉事，我的生活变得糟糕透顶，你可以想象，我的那个冬天过得有多寒心。我找到我的心理咨询师，想让他治疗我混乱的情绪，并帮我走向新的生活。我不确定他是否会接受我这样棘手的病人，或者即便他同意帮我治疗，我也不知道他是否会对我有所帮助。

出人意料的是，他欣然同意帮我治疗，同时又给了我一样意想不到的东西！他给我一颗心，一颗小小的手工制作的玻璃心，晶莹透明，上面还有明亮可爱的颜色。

据他说那是一位曾经和我有过同样境遇的咨询者寄送的，那时他跟我一样萎靡不振。他还强调说，这不是要送给我，只不过先让我保存，等我打起精神找到自己的心后就要还给他。我懂得，他想让我把这颗具体的心当作改变自己抑郁心灵的目标，引导我开启自己孤闭幽暗的内心世界，走出无望与空虚，重新发现生活的阳光。

我接受了，但我一点也没想到，这个奇妙的礼物很快就有了功效。

在治疗课程之后，我小心翼翼地把那颗心放在车里，准备开车去接我的女儿，这是我可以探望并把她接回来住的第一天。她一进车子里，就被那颗心吸引了。她拿起那颗心仔细端详，并问我它是什么。我一时无言以对，我不确认我是否应该把自己繁杂的心事解释给她听，她毕竟只是个孩子，但我最终决定应该告诉她。

"它是我的心理咨询师给我的礼物，来帮助我度过黑暗的时光，但它不是我的，我要保存它直到我的生活温暖光明起来为止。"我笑着说道。女儿没有发表评论。我再次怀疑自己是否应该告诉她这件事。12岁，她能懂吗？她怎么可能知道我的内心有多大的伤痕以及成人世界的苦恼？

几个星期后，我又可以再次见到我的女儿，这次她提前送了我一份圣诞节礼物。按照她的要求，我回家后才打开那个被漆成红色，以黄色的带子系扎着的小盒子。她给了我一个惊喜，里面是一颗用软软的布料和棉花手工缝制的心，还有一张她自制的红色卡片，卡片上女儿写的话更让我深深感动并永远难忘：给爸爸一颗我做的心，给你永久保存，因为你正要努力地走出过去，祝你一路愉快！虽然它可能手工蹩脚，但当你走进新生活时请学习珍惜。圣诞节快乐，女儿永远爱你。

读着女儿令人感动、充满爱的词句，我泪流满面，心忽然打开了。

小故事大道理

海伦·凯勒说过：最美好的东西是看不到、摸不到的，但可以用心感觉。女儿何止理解了爸爸的伤痛，更知道爸爸需要的是什么——自己一颗满含爱意的心。

不放弃，不抱怨

她站在台上，时不时不规律地挥动着双手；头习惯性地仰着，脖子用力伸着，几乎与她圆圆的下巴拉成了一条直线；嘴不停地张开，合上时，眼睛便眯成了一道线，深不可测地注视着台下的听众；偶尔她嘴里也会咿咿呀呀地，慢慢发出几个声符，但却怎么也听不清是在说什么。她几乎完全失语，基本上不会说话，但是她的耳朵特别灵敏，交流中，只要对方嘴里吐出任一个她想要表达的词或意见，她都非常兴奋，高兴地大叫一声，然后伸出左手，用几个手指指着你笑，或者不规律地拍拍手，蹒跚着走向你，亲手送给你一张她自己画的小卡片。

她是一名脑性麻痹残障者，自小疾病就夺去了她的说话能力及肢体的平衡感。一直以来，她和她亲密的同伴们——诸多肢体不便者，都生活在人们异样的眼光中，他们的成长是那么的艰难，但他们却像仙人掌一样，顽强、向上。

外在的体肤之痛，并没有打败她昂扬奋斗的精神，她坚强勇敢地面对现实，迎向一切不可能。最终，她获得了美国一所知名大学的艺术博士学位。她用手中美丽的画笔告诉人们宇宙万物的力量之美，在她的作品中，那些美丽的色彩灿烂地宣示着她的心语：我要活出生命的色彩！

今天的校园演讲中，她再一次用很不自如的肢体动作震慑住了全场。这是一场倾注生命、与生命相遇的演讲会。

"请问您因为自己的形体而抱怨过吗？您从小怎么看待自己的缺陷？难过的时候怨恨什么吗？"一个学生小声地问。

我心头一紧，想那位提问的学生真是太不成熟了，怎么可以在这么多人面前，问这么刺心的问题？当事人再次被揭开伤疤，她会受得了吗？

"我怎么认识自己？"只见台上的她用粉笔在黑板上重重地写下这

几个字。她用力很猛地写字时，很有力透纸背的架势。写完这个问题，她转过身来，歪着头，看看台下等待答案的同学，然后欣然一笑，又接着在黑板上龙飞凤舞地写道：

一、我好聪明！

二、我的腿很直很长很美！

三、家人非常爱我！

四、上帝也很爱我！

五、我会画画！我会写书！

六、我有只可爱的猫！

七、还有……

八、……

这时，演播室里鸦雀无声，异常安静。她回过头来看看大家，目光是那么平静安详，然后又转过头去，认真地写下了她的结论："不记得我所没有的，只知我所拥有的。"

大家不约而同地为她鼓起掌来，看着台上她歪斜的身子，脸上绽放出美丽的笑容，眯成一条线的眼睛发出永不放弃的傲然之光，我感动得泪流而下。

走出教室，阳光是那么明媚，她那句充满力量的话语也一直莹润心间。她就是黄美廉。

小故事大道理

"不记得我所没有的，只知我所拥有的"，相信它会让你的人生收获意想不到的礼物，遇到这句话，此生无怨！

天使之光

七年前，一个小天使在美国的某一角落诞生了。她的出世对她母亲来说简直是个奇迹。几年前，她的母亲从医生那儿得知自己不可能有小孩，而现在她却怀了双胞胎，可怀孕三个月的时候一个胎儿衰弱而死，另一个胎儿却展现出了她生命最开始时的求生勇气。她就是索拉·诺曼里。

不幸的是索拉三岁半时，被诊断患了癌症。医生说她的生命长不过两年，但凭借着不放弃与勇气，她活了更多年。

索拉患的是最罕见的一种癌症。1000 个患癌症的孩子中只有五个会患有和她一样的疾病，医生们必须竭尽全力找到合适的骨髓。

索拉在接受骨髓移植前经历了一年的化学疗法，而骨髓移植手术的结果远远难以预测，并且索拉很可能在手术台上失去生命。骨髓移植和难以想象其痛苦的化学疗法使她徘徊于生死之间。

她的医生说在化学疗法之后她将失去走路的能力而终生瘫痪，但她在瘦小到 12 公斤时竟能行走。医生们感叹她令人不可思议的生存意志。她有着自始至终都叫人吃惊的勇气，她以顽强的斗志宣示她永不放弃。她不屈不挠的勇气也一直鼓励着周围的人。

在索拉的病刚刚被发现不久的时候，她的父亲在一场事故中摔断了双腿，变成高位截瘫者。索拉和父亲一起留在家中，她用强烈的生存意志，让家人活在希望中，如果说他们在悲惨地走向死亡，她会证明人们错了。

你看着索拉时，绝对看不出她快要死了。她总是神气十足，充满爱心地关怀着她身边的事物。当索拉在州医疗中心住院时，每隔一段时间，病室内她最好的朋友都会陆续地被死亡带走，她失去的好朋友比任何一位成年人用一生的时间交到的朋友还要多。

有时她也会莽撞地刁难别人。有一天她跟妈妈到蔬菜店去，有个老妇人友善地对她们开玩笑："这个小男孩的头发剪得太短了！"索拉则一脸严肃地回答："太太，你知道吗？我是一个小女孩，只不过患了癌症，快要死了。"

有天早上，索拉不停地咳嗽，她妈妈要求马上送她去医院，可索拉坚称她很好，根本没有必要去医院，在母亲的强烈命令下她才有条件地答应了：只能去三天，否则她会搭便车回家！

索拉的不屈不挠和乐观精神，使她周围的人感到很幸运，他们认为是索拉让自己发现了生命的意义。

索拉心中在意的从来都不是她一个人和自我的需要。当她病恹恹地躺在医院时，她总忘不了走下来帮助别的室友，倾听他们的需求。

还有一次，有个愁眉苦脸的陌生人路过她家门口，她看到后拿着一朵花冲出门外，她把花送给那个愁容满面的人，并祝他度过生命中快乐的一天。

某个星期四下午，索拉躺在医院的病床上，不住地呻吟。麻醉药失去了时效，她盖着暖暖的旧棉被低声呜咽，为了周围人的安静她强忍痛苦。

在父母支付不起她的医药费时，索拉会直接和当地的社会保险管理负责人打交道。她还走进一座令她好奇的巧克力工厂，走向她所遇见的每一个人，并充满爱心地和他们谈话。她从不认为人与人之间有什么不同，她也毫不讳忌地告诉他们，自己得了癌症，可能会死。在这些被她平等地看作亲切伙伴的人当中，一位工厂负责人被问到是否愿意为索拉捐献他们工厂的巧克力时，他说："她要的任何东西，我都愿意给她！"

在母亲眼里，索拉以及其他患了癌症的孩子，都是那么用心活过短暂的人生，他们会把周围的世界看得比自身更重要，给予的爱也更多。

七岁时，小天使索拉在最后的生死线上挣扎，父母知道那一天要到来了——她永远离去的时间。家人和朋友聚在她身旁，鼓励她走向天使歌唱着迎接她的那条路。索拉把绽放出的最后一丝笑容留在人间，张开翅膀走向了天堂。

小故事大道理

人间的小天使以不屈不挠的生命告诉我们：不管面临什么问题，不管人生有多少艰难阻碍，我们都要让自己更有力量来打败它们。世界上没有什么东西可以改变我们的爱。

辑 七

善良——朴厚温纯的心念

迟到的忏悔

对我们五年级学生来说，科蒂是我们男孩子中的受气包、随意被捉弄的对象。对于付出这特别的代价而成为我们这群人之中的一员，他似乎还相当感激。

科蒂是个可爱又逗人的小家伙，虽然每个同学都喜欢他，但人们对待他的方式却十分令人困扰。不过他禁得起开玩笑，并且对于一切玩笑，他总是眨巴着大眼睛报以微笑，好像在说："谢谢，谢谢，谢谢。"

科蒂·安迪特不吃汉堡。

他的哥哥也不吃派。

如果没有社会补贴金。

安迪特一家都会死掉。

他看上去甚至接受了班里最搞怪的同学作的这首蹩脚的打油诗，其实我们人人都很喜欢它，还偶尔敢在他面前随口哼起。

我不知道为什么科蒂必须付出接受嘲弄的代价来得到我们的友谊，或者说没有经过投票表决或讨论，自然而然就这样获准成为我们中的一员？

我们会在私下里提及科蒂的父亲在监狱服刑，母亲靠当服务员谋生，科蒂脏黑的手肘和指甲，还有他破旧的大外套。很快科蒂就又受到了我们新一轮的嘲笑，他从不反击。

我们这群人正是自以为高尚的年纪，我们对科蒂的态度是——我们每个人都理所应当属于这个团体，而科蒂要想加入其中则需要我们默许。

像很多孩子经历过的那样，顺着事情自然的发展，慢慢地发生了貌似合理的变化——我们开始厌烦科蒂。

"他跟我们不一样！"

"我们不和他一起，对不对？"

终于在某一天的某一刻，我们当中有人表示要嫌弃地驱逐科蒂，我必须诚实地说，这个提议引出了我们每个人性格中野蛮的一面。我们都不假思索地同意这个呼声，也可能其实我们每个人都那么想。

在一个与往日没什么区别的周末，我们一伙人按星期五放学后定好的地点愉快聚餐。周末在群成员之一的家中聚会是我们五年级男子小团体的惯例，这一次选定的是我家。母亲们为我们的小聚会准备好了所有食物，也包括科蒂的一份，以备他在打完零工后来加入我们。

我们很快将一切准备就绪，不再受大人们左右了。我们每个人心里好像都住了一只怪兽，现在它因为极具挑战而越显锋芒，我们每个人也因为群体的力量而勇气大增，在那个房子后面的小密林里，我们一群聚集的小男孩儿成了对抗丛林的"男子汉"。

其他的人告诉我，那个大家一致的想法——赶走科蒂，应该由我说出来，因为这次是我做东。

我？那个很久以来就知道自己更受科蒂信赖的我？那个经常被科蒂充满爱与崇拜的眼神望着的我？

我木木地看着科蒂朝我们走来，他通过既长又暗的林荫小道，破旧的外套上散发着树叶透下来的点点光影。他看上去比平时更兴奋、更快乐，这个瘦弱但又不得不过早挑起大人重担的小家伙正第一次，也是最后一次品尝着属于应归属的同龄小团体的滋味，他正高兴地来体验"男孩的乐趣"，做"男孩做的事"。

当我站出来等他时，科蒂对我挥手。我无视他欢快的招呼。他放好他老旧的自行车，一边说着话，一脸微笑地向我走来。其他的人都坐在后面，一声不响，但我可以感觉到他们好奇的催促与无声的支持。

他为什么还笑得那么美？难道没发现我的脸色很差？他不知道我们没有人听得进去他滔滔不绝又不失客气的话语？

很快他就要倒霉了！他越是天真谦虚，也将越失落得无力还击。

他好像察觉到了什么不对劲，但又显得很无所谓，无疑他非常善于面对失望，对任何打击都不会感到紧张。

我对自己说不要上他装可怜的当，然后我听到从自己嘴里发出来的声音："科蒂，我们不要和你一起。"

最后，科蒂的嘴唇颤抖，他决绝地转身，在黄昏中走向蜿蜒崎岖的回家之路。

在那个沉重的时刻，我们意识到我们制造了一件可怕的事，犯了个残酷的错误。

在那个凝重的时刻，我们有了新的感受，永难忘怀：我们伤害了一个和我们一样的生命，他毫不设防，而我们用残忍的拒绝摧残了他。

至今仍令我难以忘记的是，科蒂含着两滴巨大的泪珠僵在那儿看我的方式，震惊？不相信？但是毫无恨意，或许是对我的同情与宽恕。

那次离开后，科蒂转学了，我们再也没有见过他。20年过去了，不管他能不能看到，无比抱歉和羞愧的我对我们的罪恶都要做出真诚的忏悔，迟到的忏悔。

小故事大道理

每个人都是独立、平等、伟大的个体，有时上天会用贫贱、悲惨来考验真正的强者，也同时考验我们是否能真心热爱这些朋友，无论他是贫穷还是落魄。

最贵的"笨蛋"

阿达是个有点先天智障的孩子。

在四年级（2）班里，他的成绩总是第一，但是要倒着数。同学们也常常拿他取笑，说他脑袋大但不灵光。

每次放学后，值日生打扫卫生，里面总少不了他的身影，他会主动留下来帮忙倒垃圾。更厉害的是，白天每隔三节课，下课后他都会习惯性地把垃圾桶倒掉，然后拿到水池旁边认真清洗。所以，教室里原本又脏又臭的角落，被负责的阿达变成了最亮眼的地方。

有一次，他的妈妈骑着电动车来接放学的阿达。忽然大风刮了起来，天也跟着暗下来，不一会儿，豆粒般的雨点就降落在了大地上。幸亏他妈妈早有准备，他们可以安全地回家。但是在路上，看到一位同学冒雨独行，阿达知道这位同学的家离学校很远，便央求妈妈："妈妈，妈妈，停一下，咱们顺道载他回家吧！"可惜他们的车子后座已经没有再容纳另一个人的地方了，只得作罢。

回家后，正在厨房收拾晚餐的妈妈，忽然听到"邦——邦"的锤打声，她急忙跑出来，看看外面出了什么状况。出门一看，原来是阿达正在用铁钳和小锤子拆卸车子后座。看着满头大汗的阿达，妈妈深深地叹了口气，两眼不觉湿润了。

一天在语文课堂上，老师问了一个需要动脑筋的问题：生活中，什么蛋最昂贵？

有的同学说是金蛋，有的同学说是原子弹，这时，阿达也忍不住举手发言，他高兴地说是"笨蛋"最贵，因为同学们都叫他是笨蛋。

大家听完都笑了，但老师却没有笑，她走到阿达的身边，轻轻地抚摸着阿达的脑袋说："是的，阿达答对了，你最贵！"

小故事大道理

多么笨的孩子啊，他可不白笨，他是上帝派到人间的天使宝贝！

长出一双心眼

在从华盛顿到纽约的火车上，我对面坐着的是一位双目失明的老先生。

我在攻读硕士学位的时候，论文曾接受过一位盲人老师的指导，所以我可以很顺畅地和他交谈，一点困难也没有，我还帮他接了一杯热气腾腾的开水。

当时我正在写一篇关于马丁·路德金的评论文章，便和他谈起了关于种族偏见的话题。

老先生告诉我，由于出生在美国南方，他从小就看不起黑人，认为白人就是高人一等，他们那儿的下人全是雇佣的黑人，所以在南方时他从不跟黑人一起共事，即便是吃饭、上学，他都会有意识地排斥黑人。就连买东西结账时，如果碰到黑人收款员，他总是将要付的钱放在收银台上，从而避免接触到黑人的手。后来到了北方上大学，有一次他负责举办一场节日聚会，等一切准备就绪时，他竟然在门上贴出告示："我们拒绝黑人"。当时全校人都沸腾了，他还被校长叫去狠狠批评了一顿。

我笑着吃惊地问他："那你结婚的对象肯定不允许是黑人了？"

他大笑起来："我对他们那么不友好，怎么会和黑人结婚？说实话，那个时候我认为只要是和黑人交朋友的白人，都会使他的家族蒙羞。"他兴致勃勃地讲起自己与黑人的纠葛。

他在纽约念研究生的时候，遭遇了车祸。虽然从那次灾难中幸存下来，可是上帝也收回了他的双眼，从此他双眼失明，什么也看不见了。走出阴影后，他开始自学盲人点字技巧以及如何靠手杖走路，等等。最后他终于做到了独立生活。

他说失明后最令他苦恼的是无法弄清楚对方是不是黑人。他找到一位心理辅导师请教这个问题，那位心理辅导师耐心地开导他，很快，他将自己的心理辅导师看成良师益友，什么都告诉他，而且对他很依赖。

有一天，那位心理师告诉他，自己就是黑人。从那以后，他彻底丢弃了自己对黑人的偏见。他看不出对方的皮肤是黑是白，对他而言，只需分清对方是好人，还是坏人，至于种族，对他已经毫无意义了。

车快到纽约时，老先生说："上帝收回了我的视力，也带走了我的偏见，我真幸运。"

在站台上，老先生和他在那儿已等候多时的太太亲切拥抱。我惊讶地发现那位夫人竟是一位和蔼可亲的黑人。更发现自己的眼睛虽好，心中还存在偏见，这是多么不幸的事啊！

小故事大道理

你确定你的眼睛看到的都是真实的吗？有时候，我们过于依赖一种优势而完全相信它，思想便可能陷入一种误区。眼光也会有茫然的时候，只有擦亮心眼，用心去"看"，我们才能够发现真实的美好。

最美丽的一朵花

我是一个牧师，每个星期天我都会收到一朵花，我把它别在衣服的翻领上。久而久之它变成了一个很自然的习惯，所以我没想太多。但是在一个星期天，我的这件早已习以为常的事却变得不同寻常了。

当我主持完礼拜走出教堂时，一个看上去还不到十岁的孩子走向我。他站在我面前，说："您好，牧师先生，请问您准备怎么处理那朵花？"我一时没明白他在说什么，但看到他把眼神转向我的衣领，我就懂了。

我指着别在衣服上的花问道："你指的是这朵吗？"

他认真地说："是的，牧师先生。如果它对您已经没有什么用处，可否不要丢掉它，把它给我？"我微微笑着告诉他："你要它做什么呢？花当然可以给你。"这个小男孩仰望着我，说："牧师先生，我想把它送给我的外婆。去年我爸妈离了婚，我本来和我爸爸住，但他又娶了一个妻子，把我送到了妈妈那儿。我和我妈住了一阵子，但她没有时间照顾我，便送我去跟我外婆住。外婆对我太好了。她总会给我做好吃的，她很爱我。她对我太好了，所以我想送她一朵漂亮的花，谢谢她对我的爱。"

听完小男孩的话，我的眼眶里充满了泪水，我感动得几乎说不出话来，他的爱心深深触动了我的灵魂。我取下衣领上的花，轻轻地拿在手里，望着男孩说："孩子，我不能把这朵花给你，你要做的事是我听过的最好的事，所以这一朵还不够。教堂每个星期都会收到不同的家庭送的鲜花，我们要把布道坛前面的那一大束花送给你的外婆，这样才配得上她。"

他欢快地说："好美丽的一天！我以为只能得到一朵花，现在却变成了一大束。"小男孩的这句话更使我深深感动且难以忘怀。

小故事大道理

只要求一朵，却得到了一大束，爱心终会得到意外收获。花很多很美，但孩子是最美的花。

他是盲人

他在一场车祸中双目失明，从此成为盲人。年华正好，刚刚二十出头，实在可惜。更令人替他难过的是，他是从一片光明中，一下子陷入无尽的黑暗，不比那些天生见不到光明的盲人，他感受过世界的光彩夺目，猛一下失去光明，这种痛苦来得更深。朋友们都替他惋惜悲叹。

但他却从来没有抱怨过。他失明后的眼睛还像以前那么明亮，要是不告诉别人自己是盲人，人们根本看不出来他的眼睛有什么问题。

有一次他和朋友去饭店吃饭，当朋友扶着他迈上台阶时，饭店里的服务员还开玩笑说："怎么喝成这样，自己都走不了路，以后少喝点吧。"他却一脸得意地笑着，不觉得有丝毫不快。

朋友和他喝酒，他总是睁大什么都看不见的眼睛，专注地看着他们，那双眼睛比失明前还动情，还真挚。朋友和他坐在一起，总是小心翼翼，不敢有丝毫小动作，因为他全会发现。他眼盲耳聪，让朋友们心疼。

后来他开始写作，希望实现自己的作家梦，成为盲人作家。他的写作不知道要比正常人难上多少倍，他把纸张放在准备好的木框里，然后一个字一个字地写，全凭感觉落笔。起初，写着写着，字就擦到了字上，时间长了，才慢慢变好。他拒绝使用盲文，他说自己会和正常人没什么两样，会一样的快乐。

有一天他跟一位朋友说，三更半夜时，自己突然有了写作灵感，就立马从床上爬起来，开始写作，差不多写到天亮，他写完了厚厚的一叠纸。他特别高兴，因为这些文字在他心里已经酝酿了好久，就像自己的孩子一样，而今天终于孕育而出了。他打电话找助理前去整理誊抄，可助理到了他家里，看着书桌上的一打纸张，便问："整理什么？""我写的稿子呀。"他回答说。助理惊问，稿子在哪里。他欣喜地拿起那叠纸，递给助理。可助理更茫然了，原来纸上什么都没有！因为他用的钢笔已经没有墨水了。

朋友听完他的讲述，潸然泪下，可他竟比完成那数页的灵感还要兴奋，他大笑着说，看自己干的傻事。

他总是说眼失明，心清明，自己生死都经历过了，生活中的一切得失也就不值一提了。眼睛看不见了没关系，心不失明就好，只有更快乐地活着，才不辜负生命。

小故事大道理

永远保持积极的心态，自己的生活也会变得无比精彩。美好在心，生命如是，其实生活就掌握在我们自己手里。

吉尔的秘密

五年来，单纯善良的吉尔坚信：爸爸一直都不回家，是因为他在管理着一座煤矿，工作繁忙，不得脱身。当吉尔和弟弟想念爸爸时，妈妈便安慰他们："爸爸的生意要用五年时间才能稳定，到时候挣到钱，他就能开着汽车回来看我们了。"

但就在新年即将来临，也就是五年后爸爸即将回家的时刻，吉尔却突然得知，爸爸不是在外地做生意，而是被关进了监狱。

那天同桌菲尼问她最想收到什么新年礼物，吉尔天真地说："最大的愿望就是爸爸开着跑车回家！"菲尼听完她的话，惊讶地问："怎么？你爸爸刑满释放还能得到一辆跑车？"

菲尼的问题让一心牵挂父亲的吉尔心里一颤，她愤怒地对菲尼吼道："不许你污蔑我的父亲！他在外地做煤矿生意。"菲尼也不平地反驳说："你可以去问你的邻居或者你的妈妈，谁都知道你父亲在蹲监狱！"吉尔狂奔出教室，她要找妈妈来向菲尼证明：爸爸是世界上最正直的男人，他不可能坐牢！

远远地，吉尔就看到院子里长凳上妈妈的背影，妈妈肯定是太累，又在外面睡着了。五年来，她独自抚养三个孩子，最小的弟弟才七岁，妈妈比自己更想念爸爸吧。吉尔慢慢地走到妈妈身边。看着妈妈安睡的样子，吉尔发现她眼角有淡淡的泪痕。

刚要给妈妈盖上自己的衣服时，吉尔突然发现她怀里放着一个浅黄色的信封。"××市第六十二监狱"，再熟悉不过的字迹，可是地址却如此残酷。衣服掉在地上，吉尔几乎要哭出声来。望望眼前安睡的妈妈，吉尔强忍住满眼的泪水，轻轻拾起地上的衣服，悄悄离开了院子。

吉尔伤心欲绝地徘徊在路上，想到孤独憔悴、日夜操劳的妈妈，以及她编织的残酷又美好的谎言，曾给她和弟弟带来了无限的希望，这个12岁的小女孩儿突然理解了妈妈，对爸爸的鄙视也减少了。她决定保守谎言，帮助父母为弟弟撑起一片纯净善良的天空。

吉尔向菲尼道歉，并请求她："不要把真相告诉我弟弟，我爸爸回家后带来的也一定是真诚和善良。"听了吉尔的诉求，菲尼后悔不已，他保证会守口如瓶，并建议吉尔向自己经营汽车租赁公司的叔叔借用一辆跑车。

吉尔是家里的长女，看到妈妈为了让他们姐弟三个无忧无虑地快乐成长，默默付出，她知道自己有责任帮妈妈分担，她不希望这个秘密改变他们的生活。周末晚上，她和弟弟照常蜷缩在沙发里，听妈妈幸福地读着爸爸从煤场的来信，信里依旧亲切地描述令全家人倍感自豪的采煤场。那些不曾见过却无比熟悉的场景，是他们充满希望的牵挂。

从此，以往不怎么做家务的吉尔开始学习做饭，还带着弟弟为即将回家的爸爸做贺卡。为了让弟弟迎接爸爸回家时不失望，她找到菲尼的叔叔，提出请他借一辆跑车给即将刑满释放的爸爸。菲尼叔叔对这个小姑娘的要求大吃一惊，但也被她纯真的爱心感动。他问吉尔："如果你爸爸把我的车骗走怎么办？"勇敢的小姑娘咬着嘴唇，抬抬头咽下泪水说："我保证他不会骗走您的车，再坏的爸爸也会考虑他女儿的尊严。"

知道吉尔爸爸为人正直，开车技能也很出众，他受到刑罚是受部门主管牵连。菲尼叔叔答应了吉尔的要求，在吉尔爸爸刑满释放那天，菲尼叔叔亲自开着红色跑车接他。

在那个阳光明媚的早晨，菲尼叔叔接到走出监狱的吉尔爸爸，并告诉他自己将雇佣他做司机，吉尔爸爸疑惑不解地问道："为什么会相信一个刚刑满的犯人？""因为我们都是父亲。"菲尼叔叔笑着回答。

吉尔爸爸在菲尼叔叔的安排下，换上西装，带着三份精美的礼物，开着红色跑车回家了，他心里对菲尼叔叔充满了感激。

小故事大道理

迎接爸爸回家，我们可以想象吉尔和妈妈是多么欣慰，可她们不知道自己用善良执着的爱心，为自己的家人撑起了一片蔚蓝的天空是多么令人感动，就像吉尔的父母从不知道吉尔的秘密一样。

百元天使

三年前，我和夫人南下来到广州谋生活。她在一家诊所当护士，我则临时找了份主持人的工作。

我们借住在像四合院一样的一栋老宅里，房子很老，由一条深深的胡同和大街相连。院子里面其他三四家住户都是南方人，每天叽叽喳喳地说着粤语，我们很少有往来。

这栋宅子的大门是铁的并且有一把大锁，每户也都分到一把钥匙，我们的钥匙放在我太太那里。可能是南方人比较心细谨慎，每天进进出出的人总会把铁门锁上，即使在白天也依旧如此。

记得那是个炎热的午后。当天我只有下午的一档节目，我便跟寻常一样先睡个午觉，计划下午提前半小时到达现场。我一直有夏天睡午觉的习惯，经常都是太太按时叫醒我，恰巧那天她在单位加班，中午不回家。等我醒来后才发觉，时间已经不早，距离节目开始也就剩下半小时了，通常这个时候我已准备好主持稿在候场了。我睡眼模糊地爬起来，跑到院子里，看到铁门上的大锁头，才意识到我没有钥匙。我试图找院子里的其他人帮忙开门，可整个宅子里只剩下了我一人。我们房间里还都没安电话，我像热锅上的蚂蚁，焦急地手忙脚乱起来。

忽然，从门缝里我发现一个幼小的身影在晃动，原来是路过的一个流浪儿。他看上去也就十岁左右，穿着一条满是污渍的大肥短裤，衣服显得和他的身材很不相称，头发乱蓬蓬的像一堆秋草，他双手抱着一个打满补丁的背包，好像里面有他最珍贵的东西。

听到我的喊声，他走近铁门。我想让他去街上帮我给太太打个电话，这好像是唯一的办法了。在请他帮忙之前我想先给他点酬劳，可我翻遍了全身只找到一张百元大钞，我有些不好意思，那时以我的经济条件还很难把100块当作零钱。

我急忙跑回屋里想拿一些零钱，可还是徒劳，这时，我想起厨房里还有两个昨晚剩下的馒头。我飞速地拿起馒头隔着大门递给他，他很欢喜，胆怯地说了声谢谢。我跟他说明情况，把100元交给他，请他帮我打电话。他看看手里的钱，又呆呆地看看我。我哀求地告诉他，自己很着急，很需要他的帮助，然后他飞快地向大街上跑去。

五分钟后铁门外还空无一人，我猜想他不会回来了，他应该没那么"傻"。过了一会儿，一位邻居打开了铁门，我像囚徒越狱一样飞奔到街上去打车。

我的下午班没有迟到。

晚上回家后说起这事，太太说她没接到电话，我明白自己白信任那个孩子了。我俩相视一笑说道，就当给那个小孩改善生活了。

半月以后，我们自己找到了房子。我们敞开大门，开始忙里忙外地收拾东西搬家。忽然觉得门外有人在盯着我看，我将目光投过去，霎时一愣：是那个流浪儿！

原来当天，由于他跑得太急，在出胡同口时被一辆车撞伤了腿，他的朋友们将他抬回简陋的住所，他躺了大半个月才可下地走动。

他将紧紧攥着的手掌摊开，是那张皱成一团的100元，他把钱递给我们，黑亮的眼睛闪烁着愉快的光芒。我告诉他这张纸币送给他了，可离开时他执意把钱留了下来。我们注视着他默默地走开，心里竟是说不出的崇敬。

小故事大道理

世上众生，有的富有、有的贫穷，无形中，人好像被分成了三六九等。可一些品质会发着亘古不变的光，比如诚信、善良、责任，它们不会庸俗地择人而栖。那个貌不惊人的小男孩儿使我更加坚信，这些美好的品质可以使人变成天使，无论他是富有，还是穷困，光芒不变。

一天，一人生

一天，一位很有名望的富商走在家附近的小路上，富商在路边遇到了一个卖旧书的年轻人。年轻人穿着破旧，骨瘦如柴，形容枯槁，但两眼炯炯有神。他在寒风中摆地摊，招揽生意。富商顿时回想起自己曾经白手起家的艰难经历，心中油然升起一股同情之意。

他毫不犹豫地拿出十美元放到年轻人手里，然后径直走开了。可没走几步，商人忽然回过头来，让早已愣在那儿的年轻人帮他选两本书，并说："真不好意思，刚刚忘记拿书了，希望您不要介意。其实，咱们是同行，都是商人。"说完，商人才像完成一桩心愿一般，满意地离开了。

五年后，商人应邀出席一个文物拍卖会，那次会上名流云集。一位风度翩翩，穿着讲究的年轻人走上前来，紧紧握住商人的手，不胜感激地说，自己就是几年前在路边摆摊的人，"因为您，我才会有今天，您可能早已忘记那一天，但我永远也不会忘记您……"

原来年轻人听到一位这么成功的人士，亲口对自己说"我和你一样，都是商人"。他倍受鼓舞，心中强烈地感到，自己不能一直这么穷困潦倒地摆地摊，人生必须要有和命运一搏的决心与信心。现在他已是一名成功的书商，可那名商人给他的不同寻常的尊重与鼓励，他却始终念念不忘。

富商无论如何也没有想到，自己五年前无意中的一句话，竟然使这个年轻人重新找回了自信。他最终通过坚持不懈的努力，发挥了自己的优势和价值，获得了成功。

小故事大道理

可想而知，如果那一天，富商给年轻人很多钱财，也一定不会有他返回时说的尊重与鼓励的话那么有力量，正是尊重的力量让年轻人改写了自己的人生。

难忘的一堂课

我参加过许多关于如何处理人际关系的课程，其中有一次独特的经历让我终生难忘。

导师要求我们列出自己曾经做过最后悔、愧疚、遗憾的事，并在下周的课上大声宣读自己所列的清单。这看起来有涉隐私，但总少不了勇气可嘉的同学真诚袒露。听了别人的陈述，我又不断在自己的清单上补充了很多条，最后数数竟达 90 条之多。之后老师建议我们亡羊补牢，用行动去弥补缺憾——想办法找到伤害过的人，向他真诚道歉，用行动补救自己的过失。我很怀疑这种做法能否增进我的人际关系，甚至感觉这种举动会让我和朋友彼此更加疏远。

在一次课上分享时，我听到了同桌汤姆的一段真实经历。

他的过错清单上，有一条是高中时发生的一件事。他的家乡是一个不起眼的小镇，镇上有个他和同学们都讨厌的老师。有天晚上，他和两个伙伴决定要教训那个叫辛德的老师一番。他们喝了几瓶啤酒后，找到一块白布，用事先准备好的红颜料在上面写道："辛德是头猪。"然后爬到学校里最高的一棵树上，把布幅挂在了上面。第二天，学校里及镇上所有人都知道了他们的"大作"。事后，辛德把他们三个人弄到办公室。他的两个同伴都承认了错误而他却撒谎抵赖、浑水摸鱼逃脱了。

这件事从发生至今已将近 20 年了。那天辛德的名字出现在他的清单上。他不知道辛德是否还在人世，毕竟 20 年什么都有可能发生。上个周末，他给远方家乡的小镇打电话查问，果然有个叫辛德·布朗的先生。他于是打电话过去，响了几下铃声后，一个男子应答的声音传过来，他确认对方就是自己要找的辛德老师后，沉默了一下，开口说："你好，我是汤姆·考卡斯金，我想告诉您当年树上挂白幅那件事我也

145

有份。"说完对方又是一阵沉默。忽然电话那边大笑嚷道:"我早就知道。"于是他们默契和解,相言甚欢。他永远忘不了辛德老师的表述:"汤姆,我一直为你感到不安,因为我知道欺瞒会成为你的心病,你的同伴都从中解脱了,而你却这么多年来一直记在心里。为你高兴,你是不知道我有多感谢你打来电话……"

汤姆鼓励我勇敢地化解我清单上的99条。我用了两年的时间,但这却成了我开启坦荡人生与真诚对待朋友的起点和动力。

小故事大道理

朋友之间,不论有多么严重的矛盾冲突,只要我们一直记得摒弃前嫌,化解宿怨,用行动弥补过失,就能够缓和矛盾。亡羊补牢,未为晚矣。

我们是朋友

在美越战争中,作战飞机横行在上空,对地面进行狂轰滥炸。一枚炸弹掉进了镇上的一所小学。几个学生和一名老师被夺去了性命。还有十几个孩子受了伤,其中有一个小女孩儿伤势很重,她失血过多,生命危在旦夕。

幸运的是,战地医护人员很快就赶到了学校,虽然只有一名医生和一名护士。

那名医生迅速展开急救,等到救助那个小女孩儿时,却发生了一点小状况。她流血太多,需要赶快输血,但是他们没有现成的血浆可供使用。时间紧迫,医生决定从在场的人中找到合适的血型,给小女孩儿输血。

最后,医生终于找到了和小女孩儿同一血型的几个孩子,可是,还有点问题,救护的两个人只会说英语而不会说越南话,可那里的人只听得懂越南话。

于是,那位医生努力给可提供血浆的孩子们做手势,向他们解释那个小女孩儿受了重伤，需要抽他们的血，给她输进去！最后，孩子们终于点点头，表示明白了，但他们脸上却显出一丝恐惧！

医生问孩子们谁愿意献血，他想学校里就只有这么一个班级，那些孩子们应该都是比较熟悉的朋友，收集血浆应该不成问题。可结果却出乎他的意料，那几个孩子没有一个人吱声。

医生和护士全愣住了，为什么没有人愿意献血，挽救自己的朋友呢？难道刚才没解说清楚吗？

忽然，一个小男孩儿慢慢举起了手，但是犹豫着又收了回去。过了好一会儿，那只小手再次举起来，并且就那么一直举着。

医生很欣慰，立即带着小男孩儿来到一间小教室，并让他躺在两张并在一起的桌子上，那是临时改造的手术室。小男孩儿躺上去，身体一动不动，忽然，当医生给他插上针管，鲜红的血液慢慢流出时，他低声呜咽起来。医生看着满脸泪水的小男孩儿，以为自己扎疼了他，便紧张地安慰孩子，可小男孩儿摇了摇头，眼泪还是径自涌出来。医生心里感觉一丝惊慌，他不知道小男孩儿为何如此伤心难过，他想着肯定是自己哪里出了错，可到底是哪儿呢？整个抽血过程，自己不可能伤到他呀！

就在这时，一个本地的护士赶来了。医生向那名护士说出了自己的疑惑，护士急忙低下身子，安慰并询问还在哭泣的小男孩，不一会儿，孩子竟然带着眼泪笑了起来。

原来，医生的手语都被那些孩子误解了，他们以为要用自己的生命去换回那个受伤的小女孩儿。所以，孩子想到自己很快就要离开人世了，就忍不住哭了起来。这时，医生才明白刚才为什么没有人愿意救自己的小伙伴了。但他又很不解，为什么知道会死，还能举手站出来呢？

那名越南护士问了小男孩同样的问题，他轻松地回答说："因为我们是最好的朋友！"

简短的一句话，让在场的所有人为之动容。

小 故 事 大 道 理

两个天真的孩子，他们的友谊竟在不知不觉中经受住了生死的考验。这种无私、无畏的关爱给所有人上了一堂生动的友谊之课。

感恩——珍惜万物的慧心

晚上盛开的花

他因为一场高烧留下了跛足的后遗症，并且牙齿突出，参差不齐。他认为自己是世界上最悲惨的孩子，没有人会喜欢这样的自己，自己的成长之路也注定一片黑暗。

在学校里同学们高兴地玩耍、做游戏，他总是躲在角落里很少参与。课上老师提问时，他也总是把头垂得低低的，一言不发，他好像习惯了沉默不语。

在一个平常的春天，他的父亲从商店里买来一些花种。父亲把孩子们叫到前面，宣布说每人可以得到一株花的种子，然后把它们种在院子里不同的地方，到时候谁的花开得好，父亲就会给谁买一件他最喜欢的礼物。

他也想得到父亲的礼物，但看到兄弟姐妹们每天都兴高采烈地为花芽施肥浇水，不知怎么地，他竟莫名地冒出一个灰暗的想法：希望自己的那棵幼小的花芽早日死去。种子发芽后，他只浇了两次水，便又回到了自己沉默的小世界，对那棵花置之不理了。

几周后，他再去看他种的那株花，惊讶地发现它不仅没有枯死，反而长高了许多。新冒出来的几片叶子显得格外清爽，竟比其他兄弟姐妹们种的花生长得还要精神。

终于在那个普通的春天里发生了一件不同寻常的事，属于他的那株植物第一个开花了。父亲实现了自己的诺言，为他买了一件他最想要的礼物，并对他说，能把花养得这么好，说不定他长大后会成为一名优秀的植物学家。

花儿鲜艳明媚，生机勃勃，盛开的花朵像一张活泼可爱的脸，一直朝他微笑，他心里好像被什么触动了一下，光亮了许多。从那以后，他慢慢地变得乐观向上起来。

春去夏来，一天晚上，他躺在床上睡不着，看着朦胧的月亮把自己的光照进窗子，他忽然想去看看自己那朵盛开的花儿，因为父亲说过植物大部分的生长期都是在晚上。

他悄悄地来到院子里时，却看见有个人影在为自己的那株花泼洒着什么，他轻手轻脚地走近一点，却看见那是父亲正在给他栽种的花施肥。

顿时，他恍然大悟，原来一直是父亲在偷偷地为自己的梦想之花灌溉，小心地呵护它的成长！他返回房间，眼泪一下子涌了出来。

许多年过去了，相貌平平又跛足的他没有成为出色的植物学家，但却成为美国总统，他就是富兰克林·罗斯福。

小故事大道理

父爱如山，静默坚毅，母爱如水，温和柔韧。父母的爱是我们成长中最好的养分，我们用什么才能够感恩那份爱呢？

蝴蝶的答谢

在二战期间，苏联军队在彼得格勒被敌人紧紧包围。德军企图摧毁他们的作战基地和防御工事。眼看整个部队就要毁于一旦，被困在其中的还有一名昆虫学家。

由于战火四起，硝烟弥漫，生灵惨遭涂炭，就连战场上的动植物也成了牺牲者，那位昆虫学家很是痛心。

有一天，他看到一只蝴蝶停落在不远处的草叶上，蝴蝶伸展美丽的花翅膀，在阳光下光彩鲜艳。他不想让这个小生灵受到战火的伤害，便挥了挥衣袖，希望那只蝴蝶飞离这个是非之地。但他看着蝴蝶反复振翅，却无法飞翔，他根据自己丰富的经验断定：蝴蝶受伤了。

果然，蝴蝶的翅膀受了伤。昆虫学家小心翼翼地将它带回住处，并给它上药喂食。几天后，受伤的蝴蝶慢慢恢复，它依依不舍地飞回了大自然。

第二天一早，那位昆虫学家走出门外，竟发现院子里飞满了五颜六色的蝴蝶，阳光下一双双五彩缤纷的翅膀，显得格外美丽耀眼。被围困的战士们看到这一情景，都感叹这一夜之间发生的奇迹。

昆虫学家也感到十分意外，心想自己研究昆虫这么多年，却从未见过这么绮丽的场面。激动之余，他忽然突发奇想：如果有无数只五颜六色的蝴蝶，那么就可以把军事基地伪装起来，让敌人的轰炸机无法发现，不就可以逃过一劫了吗？但是，对于伪装整个基地来说，这些美丽生灵的数量还是不够啊。

最后，他仿照蝴蝶的色彩，给整个军事基地涂上了各种各样的颜色，主要以黄、红、绿为主。他们的战场一下子变成了一件大大的迷彩服。因此，当敌人的轰炸机飞行在上空时，往下看到的只是一片花草蝴蝶的绚丽，根本分不清敌我，更别说瞄准军事基地和防御工事了。

原来蝴蝶有天生的伪装本领，它们的翅膀在阳光的照射下，会变换不同的颜色，时而碧绿，时而橙黄，有时还由紫变蓝。所以那次围战中，尽管德军处心积虑，苏联军队的军事基地仍完好无损，这为战争中正义的一方取得最终胜利，奠定了坚实的基础。

通过这件事的启发，后来军队上出现了迷彩服，使士兵的伤亡数量大大减少。事后，那位昆虫学家对那群蝴蝶的聚集现象解释说：他救助的蝴蝶号召同伴们，想利用自己的伪装衣掩护他，那只蝴蝶是在报恩！

小故事大道理

蝴蝶不仅启发人们发明了迷彩服，更珍贵的是它们的知恩图报。如果我们每个人都怀有一颗感恩的心，那么这个世界将和蝴蝶一样美丽多彩。

感谢乌鸦的老鹰

曾经有一个人，他不仅才高八斗，而且德行很高，是远近闻名的有德之人。但他所居住的环境十分混乱无序，这个问题一直困扰着他。

原来，他住在城中最乱的一片闹市区，那里的人们有些粗俗，随意狂放，不注意礼节，贪图小利。而他举止高雅，品行端正，有节有度，谈吐高洁，从不允许自己有任何不检点的行为。

他深深觉得，在这样的环境里甚是苦恼。有一日，他终于无法忍受，便向一位智者问询，请求指点：他应该搬往别处定居，还是寻找其他解救之法？

那位智者听了他的说法，沉思了一会儿，便将他带到一座山脚下。山中草木丛生，十分幽静。忽然，"呱呱——"一片聒噪的声音传入耳内，抬头望去，山腰上居住着一群乌鸦。盘旋、嬉戏、栖息，乌鸦们在这儿生活得很是惬意，也和山里的清静环境相映成趣。

这时，一只老鹰从天而降，它像一把利剑一样，猛地扎入原本和谐的乌鸦群。老鹰凭借自己矫健的身躯，任意挤占它们的地盘，还不时啄咬体弱的乌鸦，气焰十分嚣张。瞬时，融洽热闹的乌鸦群，惊慌失措地四处逃窜，它们像开战了一般，乱作一团。

不久后，老鹰停止了骚扰，一副趾高气扬的样子，它似乎很以那群乌鸦为耻，不屑于跟它们为伍。老鹰稳稳地扑打着翅膀，转身高飞。

看着眼前刚刚发生的情景，他缓缓转过头来，看着智士，微微笑着说："老鹰觉得自己与乌鸦在一起是降低了身份，可它不知道，乌鸦们也很不情愿跟老鹰相处。"

他瞬间顿悟，在令他无比悲哀的环境中，他何尝不是一个怪异者，就像那只老鹰，在自己憎恶他人的同时，人们也无辜地容纳了他的"骚扰"。

所以，在与他人相处中，人人都有一面心灵之镜，映照生活，也映照他人，你嫌弃别人的同时，说不定你在镜子面前做出的，也是令人嫌弃的样子。我们应该擦亮自己的内心，发现别人身上特有的光芒，而不是以自己的尺度标准丈量他人。包容他人，感谢生活，完善自我，这才是你最应该做的。

"近朱者赤，近墨者黑"，其实，世上本没有纯粹的赤与黑，每个人身上都有发光点。只要自己内心够坚定，那些阴暗的一面，何尝不是对我们的考验。

对于任何一个生命来说，都没有高低贵贱之分，他们的不同之处，仅仅在于生活方式，谋生方法，以及对人生和世界的看法。各有差异的人生哲学与世界观，都是合理的存在，这使我们的社会更加精彩、丰富，并不断改变、进步。

怎么开启可乐

外面夏日炎炎，在拥挤的火车车厢里，空调吹来阵阵凉风，清爽宜人。一脸稚气的子强靠窗而坐，他将乘坐这辆南下的列车抵达自己梦寐以求的大学。他是一名土生土长的农村娃，一件洁净的白色 T 恤盖不住他黝黑健康的皮肤。看着对面一对母子，孩子只有六七岁，他想：这还是我第一次坐火车。

漫漫旅途，再加上夏日天燥，子强觉得异常口渴。频频往来于过道的乘务员大声叫卖着："花生、瓜子、可口可乐！"

可口可乐？他知道这在老家也算是很奢侈的饮料了。在中学时，基本上是家庭条件好的同学才能够喝到。父母从来没给自己买过。他从衣兜里摸出一张皱巴巴的五元钱，从乘务员那里换回了一罐不同寻常的饮料。

可易拉罐拿在手里，颠来倒去，他犯了难，这罐饮料要如何开启呢？最后，他把目光锁定在了扇形拉环的位置。迟疑了片刻，他从书包里摸出一把水果刀，试图在拉环的位置将盖撬开。撬了几下，他发觉易拉罐的外壳很坚硬，用小刀也是徒劳。他停下了手中的水果刀，目光呆呆地盯着那罐可口可乐。

这时，却听见对面的中年女子对儿子说："壮壮，快把可乐给妈妈拿出来。"小男孩懒懒地问："妈妈，你不是刚刚才喝过水吗，怎么这么快就渴了？""快，听话！"小男孩像受到鼓励一般，站在车座上，把手伸进了车窗旁边挂着的塑料袋里，掏出了一罐可口可乐。

那位妈妈把可乐拿在手中，目光放在拉环上，余光注视着好奇的子强，只听见"嘭"的一声，可乐打开了。随后，车厢里又发出"嘭"的一声，子强的易拉罐也打开了。妇女微微地笑了笑，轻轻喝了一口，便把自己的可乐放在桌子上。显然，她并不渴。

多年以后，子强毕业、找工作、成家……这件事却让他记忆犹新。他感念那位善良的中年母亲，她用心为之的教习举动，巧妙地解除了初来乍到的毛头小儿的尴尬，既不使他难堪，还轻而易举地教会他正确的开启方法。

小故事大道理

中年女子的一个小小善举在子强心中留下了不可磨灭的印象。殊不知，使子强在开启自己人生时，也将不忘将大大小小的善，带到社会的角角落落。

拳击台上的感恩

他有一个特别的爱好——拳击。他从小一直为能够成为一名专业拳击手的梦想努力着，坚持着。

他的父母都是普通工人，不解这莫名的吸引力，只晓得打人不好。儿子打了别人，他们提心吊胆，儿子被别人打了，他们更是心疼不已。可苦劝无用，只能一味地叮嘱他："少打，少打，千万别打出乱子来。"

全国拳击锦标赛，实力雄厚的他对于赢得比赛胸有成竹。那天，他从乡下把父母接来，想让他们分享胜利的荣耀。

他在拳击台上，人像雪豹一样灵活迅疾，像狮子一样凶猛，他挥舞着拳头左挡右杀。可坐在台下的父母，却吓得不敢睁眼。他赢得了这场重要比赛，但他的父母怎么也高兴不起来。他一再向父母解释，拳击不是打架，出不了人命。这次，无论他说什么也没有用，父母从此拒绝看他比赛。

父母的反对阻挡不了他对拳击的热爱。他下定决心后，怀揣着500美金去了悉尼。从洗盘子开始，他自力更生，挣取训练资金，有时参加业余拳击赛。三年后，他终于拿到执照，成为一名职业拳击手。

可谁也没想到，他成为职业拳击手后的第一场比赛，就出了人命。

那天赛场上，澳大利亚的拳击冠军，一名健硕的黑人拳击明星，不屑一顾地指着他说："你，无名小卒，下台吧！"作为一名新的职业拳击手，他将一切都豁出去了。打到第四回合，他赢了。可就在这振奋的几小时后，一个惊人的消息传来，那位黑人明星因脑出血，不治身亡了。

瞬间，他觉得天旋地转，闯祸了，打死人了？死者的家人和崇拜者会找自己怎么算账？

在无尽的恐惧中，他想起远在他乡的父母。那头，父母也心痛地担忧着他。看了新闻，他的姐姐在长途电话亭等了一下午，才吃力地打通那个电话。姐姐只对他说了一句话：爸妈叫你赶紧回家。

他以为他的职业生涯就此埋葬了，但正是那位死者的父母让他重新回到了拳击台上。

他们在新闻发布会上发表了声明，说：我们是拳击世家，儿子的离开确实让我们很难过，但是他在比赛的战场上坚持到了最后，虽死犹荣。他的死不是任何人的过错，我们只想呼吁在以后的比赛中，教练和裁判能够及时发现拳击手的异常状态，并及时叫停，避免悲剧的发生。

这对伟大的父母，也专门给他打来了电话。他忍不住痛哭流涕，不停地道歉。但那位母亲却平静地说："孩子，不是你的错，那是一个意外。为了我儿子——一名拳击者崇高的职业理想，你一定要再回到拳击台。"

小故事大道理

如果最大的恩情是父母之情，那么这位母亲对生命的宽容、激励，则是一份最让人感动的恩情。

快乐的感恩节

在一个感恩节的早上，大家都隆重欢庆，可有一家人却在发愁怎么度过这一天。他们太穷了，家徒四壁，吃饱饭都成问题，他们实在不知如何以感恩的心度过这一天。圣诞节的"大餐"还没有着落，今天能有点简单的食物，他们就很知足了。

突然，外面传来咚咚的敲门声，这家的小男孩跑着前去开门，他看到一个陌生的男人站在自家门外。陌生人身材高大，穿着一身皱巴巴的衣服，但是笑容满面，手里还提着一个大篮子。

那位男子笑着将篮子递给男孩，说是有人托付他来这里送东西。小男孩扫了一眼篮子，眼光瞬时被吸引住了，只见里头装满了各种感恩节大餐所需要准备的食物：两只火鸡、厚面饼、马铃薯及各式罐头等。

小男孩惊讶地叫出父母，这家人一时全愣住了，还没搞明白到底怎么回事，那位陌生人随之开口道："一位知道你们有需要的人让我送来这些东西，他说希望你们能感受到还是有人在惦念和关心你们。"

起初，一家人都极力推辞谢绝，不肯接受这份大礼，可是那位男子却轻松地说："我也只是跑跑腿帮人送东西的。"他笑着转身离去，还欢悦地说了一句："感恩节快乐！"

从那一刻起，小男孩的生命悄悄地发生了变化。那一个小小的篮子，让他相信人生充满了希望，无论在世界上哪个角落，都会有人——甚至是素不相识的人——在关怀着他们。在他内心深处，一股感恩之情油然而生，他对自己许诺，今后一定要以同样方式去关怀他人。

长大后，他终于有能力来实现心中的誓言。他的收入虽然不多，但他还是在感恩节买了三大包食物，不是为了自己过节，而是去送给几个需要帮助的家庭。

他穿着一件老旧的外套和一条牛仔裤，开上自己那辆破车，假装是个快递员，开启了传送关怀之行。当他到达第一户简陋的住所时，前来应门的是位亚洲妇女，她有五个孩子，几天前丈夫抛弃她们离家出走，目前一家人正饥寒交迫。

妇人用警惕的眼神望着他，这位年轻人开口说道："我是来替别人送东西的，太太。"说着，他将一个装满鲜美食物的袋子递过去，准备转身离开。见此，那个女人当场愣住了。

忽然，这位单身妈妈双手合十，哭着不停地向年轻人鞠躬致谢，激动地说："感谢上帝把你派来，你就是天使！"年轻人有些腼腆地说："噢，不，是一位知道你们有需要的人要我送来这些礼物的，我只不过是个送货的，他希望你们知道有人在默默地关心着你们，而我，祝你们感恩节快乐！"

年轻人看着欢呼雀跃的孩子们，笑着离开了，但不知不觉他的眼睛蓄满了泪水，他为人与人之间的亲密之情感动着。

小故事大道理

用行动回应自己所受到的关怀与帮助，用爱传递感恩的心，告诉那些生活在困苦中的同胞，人生总是有希望的，也一直会有人牵挂着他们。

门票

小时候的我觉得马戏团是最吸引人的地方，记得有一次父亲带着我去看马戏团的表演，我们耐心地排队买票。终于我们离售票口越来越近了，前面只排着热闹的最后一家人。我对那个家庭印象十分深刻：他们有四个小孩，并且看上去都在十岁以下。他们穿着朴素，但全身干干净净的，虽然看上去并不富有，可几个孩子的举止都很得体。排队时，他们两人站一排，手牵手在父母身后依次跟着排开。四个孩子都异常兴奋，他们叽叽喳喳谈论着即将看到的小丑和狮子，可想而知，那肯定是他们生活中最快乐的一天了。

他们的父母自豪地站在队伍的第一排，那个母亲挽着丈夫的手，看着孩子们的父亲，好像在说："你真像个佩着勋章的将军。"那位父亲也骄傲地微笑着，深情凝视他的妻子，好像在回答："的确如此，这些宝贝天使真让我们感觉很神气。"

卖票员问孩子的父亲，他要买几张票？他高兴地回答："我需要四张小孩的，两张大人的，我们一家六口人都来看马戏了。"

售票的女郎开出了价格。

听到要价后，孩子的母亲把头垂得低低的，那个父亲拿着钱的一只手也发抖了，他将身子倾向售票窗口问："你刚刚说是多少钱？"

售票的女郎又报了一次价格。

他们带的钱显然不够。

回头看看兴致勃勃等着看马戏的四个孩子，他怎么忍心打破他们美好的期望，告诉他们自己没有足够的钱买票带他们入场呢？

我的父亲看着眼前发生的一切，他悄悄地从口袋里拿出一张十元的钞票，趁人不注意时把它扔在地上，然后他又蹲下去，捡起钞票，走上前一步拍拍那位父亲的肩膀，说："打扰一下先生，这十元钱是从你口袋里掉出来的！"

显然，那人知道了父亲的意思，他感激地望着父亲，深深一鞠躬。在他失望、困窘、无措的情况下，他并没有乞求或幻想有谁可以伸出援手，但却在这一时刻有人站出来帮他解围，他深深注视着我父亲的眼睛，并紧紧握住他的手，那十元钱就安然躺在两个人的手心里，他的嘴唇颤抖着，热泪盈眶地说："谢谢，谢谢您，先生，这对我们有着难以想象的重大意义。"

其实父亲也并不富有，我和父亲转身离开了马戏团的门前，坐上了回家的公交车。那天我们虽然没有看成马戏团的表演，但我们收获了更珍贵的东西。

小故事大道理

感恩是世上一颗璀璨的珍珠，一切金银在它面前都黯然失色。感激别人是可贵的，收获感恩的人是无比富有的。

感恩一元钱

那是一个生机勃勃的春天，初中毕业的他满怀一腔挣大钱的热情，来到城里打工。可出门前借来的 500 元钱都用光了，省力又赚钱的工作还没有着落，他只得露宿街头。

一天晚上，他蜷缩在马路边上一个角落里打盹儿，一个路人经过时，往他面前扔了一元钱。肯定是人家看他穿戴邋遢，神情落魄，误以为他是乞丐，施舍给他一元钱。就在他俯身准备捡起那一元钱的时候，不远处，一个擦皮鞋的老大爷跑了过来，抢先一步拾起了那一元钱。

"这一块钱是我的！"老大爷自以为是地说。他气愤地站起来和老人争执。

"那人为什么要给你钱？你们非亲非故，除非……你是要饭的！"老大爷不依不饶地和他对视着说，"如果你承认自己是要饭的，我就把这一块钱给你。"

承认自己是要饭的？他心中猛然一惊：我怎么能做要饭的呢？他更加愤怒了，但是为了维护自己的尊严，他不得不放弃那一元钱。他悻悻地转身想要离开。

就在这时，那位老大爷叫住了他："你要实在缺钱，我倒有个办法，我可以把我的擦鞋摊让给你 15 分钟，15 分钟里你收的钱，我一分不要。"

他疑惑地望着那位老大爷，老人诚恳地说："这和一块钱的性质不同，你可以凭自己的劳动挣钱……"他心中一颤，眼睛也不由得发热。

果然，15 分钟里他还真接了一个活儿，一位擦鞋的年轻男子给了他五元钱，他用这五元钱买了一份盒饭。

与老人分开后，他向朋友借钱，买了一套擦皮鞋的工具，开始在自己的摊位上给人擦鞋挣钱。后来他进了一家皮鞋厂。再后来，他从厂里辞职，自己开了一家鞋子加工店。他的加工店生意红红火火，没过几年时间，就发展成了一个颇具规模的制鞋厂。

如今，他实现了当初发家致富的梦想，可他总是感叹被"夺走"的那一元钱，他永远忘不了自己最应该感激的人就是那位老大爷。

小故事大道理

自尊自爱将给我们带来难以想象的力量，让我们有勇气，有自信，争取生活的一线转机。

珍藏千疮百孔

老人是我以前的一位邻居。

老人一生命运多舛，坎坎坷坷。他年轻的时候正赶上战争年代，他几乎失去了所有的亲人，还被战火夺去了一条腿。后来，战争结束了，老人的不幸却没有停止。

在疾病的折磨下，妻子早早就扔下他和儿子撒手人寰。更可惜的是，不久后，和他相依为命的儿子也在一场车祸中丧命。

然而，在我们的印象中，老人却很爽朗、随和。

有一次，我忍不住，冒昧地问他："上天给了你那么多的苦难和不幸，你难道不抱怨它的不公平，不感到伤心绝望吗？"

老人像平常一样微笑着，看了看我，然后，他捡起一片树叶放到我面前问："你瞧，这像什么？"

那时候正值深秋，我看着那片黄中透绿的落叶，心想，这也许是银杏树叶吧，而至于像什么……

"你看它像不像一颗心？"

我没有说上来它像什么，不过听老人一说，还真猛然发现那是一颗心脏的形状。我的心为之轻轻一颤。

"那你再看看树叶上面是些什么？"

老人将树叶向我眼前移近了些，接着问。我凑上前去仔细审视了一下，我清楚地看到，那上面像布满星斗的天空一样，有着许多大小不等的孔洞。

老人将树叶小心翼翼地放在手掌心，语重心长地说："一片叶子在春风中苏醒，在阳光中长大。从冬雪融化到的萧瑟的深秋，它完成了自己的短短一生。这期间，它被树虫啃噬，经受疾风的摧残，千疮百孔却不凋零，因为它对大地、阳光、雨露充满了感激，它热爱大自然赋予的生命中美好的一切。一片叶子尚且如此，何况我们这么有力量的人呢？"

后来，老人把那片叶子交给了我，他说："每个人都会遇到艰难困苦，每个人也都有自己软弱、伤心、放弃的理由，但我相信只要坚持，他们都能找到答案——感恩生命！"

如今我仍珍藏着那片落叶，它不仅凝聚着老人充满智慧的话语，更能够给予我面临不幸、失败时的坚强乐观的力量。

小故事大道理

不抱怨，不放弃，感恩上天赐予我们生命中的美好。坚强、乐观、向上，我们将获得足以改变命运的力量。

感谢微笑

飞机比正常的时间晚到了 20 分钟，当急不可待的人们纷纷登机后，一位乘客叫住空姐丽萨，表示自己吃药需要一杯水。丽萨很有礼貌地说："先生，为了您的安全，请等飞机飞行平稳后再饮用，稍后我会马上把水给您送过来，还请您谅解。"

20 分钟后，飞机早已经平稳地飞行起来。突然，丽萨听到乘客服务铃急促地响起，她猛然意识到：自己竟然由于忙碌，忘记给那位准备吃药的乘客送水了！丽萨来到客舱，果然如她猜想的一样，是那位等待吃药的乘客按下的铃。她小心翼翼地把水递给那位乘客，笑容可掬地说："先生，实在抱歉，我一时疏忽，耽误了您吃药的时间，真的很对不起。"那位乘客满脸不悦地指着手表说："什么情况，你们这是什么服务啊?"丽萨手里端着水,彬彬有礼地俯身站着道歉,可无论她怎么解释,那位挑剔的乘客就是不满意。

在后来的飞行时间里,为了弥补自己的疏漏,丽萨每次去客舱服务时,都会特意走到那位乘客面前,满面笑容地问他是否有什么需要,或者能帮到他什么。然而,那位乘客始终怒气不减,摆出一副不屑的样子,并不理会丽萨。

飞机即将抵达目的地,忽然那位乘客要求丽萨把留言本给他送过去。很显然,他要投诉丽萨。此时丽萨心里虽然很委屈,但是却没有表现出一点不满,而是谨守自己的职业道德,非常有礼貌,而且面带微笑地说:"先生,请允许我再次请求您的谅解,无论您提出什么批评,我都会接受并改正!"那位乘客神色依然很严肃,他想说什么,却欲言又止,他接过留言本,认真地在上面书写起来。

飞机安全着陆了,乘客们都陆续离开,丽萨心想这次完了,自己的过失已经留下抹不去的痕迹了。可没想到,等她打开留言本,映入眼帘的竟是满含热情的赞美之词,而并非自己所想的投诉信。

从留言本上,丽萨惊奇地发现是自己的微笑和真诚打动了那位难缠的乘客,才使他在落笔的时候,将投诉信写成了表扬信。最后那位乘客还满意地表示:"谢谢你真诚的道歉,我旅行很愉快。你们的服务质量不错,以后如果有机会,我还会选择乘坐你们的航班!"

小故事大道理

　　每一个微笑都值得感谢,每一个微笑都值得原谅,真诚最能打动人心。一片诚意不仅可以使我们避免纷争、麻烦,还会给我们带来出乎意料的收获。

一瓶活命水

凯恩拖着沉重的步伐行进在沙漠里，他在旅行途中遇到暴风沙，迷路了。他已经独自一个人行走在茫茫沙漠里将近两天了，他口干舌燥，体力一点点在消耗。就在快要撑不住的时候，突然，他眼前出现了一个废弃的小房子。他身心俱疲，连走带爬地进入屋内。

小房子没有窗户，四面都不通风，里面只堆了一些干枯的树枝。他再度陷入绝望，可当他走到屋角时，竟意外地发现了一个抽水机。

他如获至宝地上前汲水，可任凭他怎么摆弄，也没有一滴水冒出来。看着破旧不堪的抽水机，他彻底绝望了。他颓然地躺在地上，这时，却看见地上还有一个小瓶子，瓶口处堵着软木塞，瓶底还刻着几行字。他意识混沌地捡起那只小瓶子，使劲揉了揉眼睛，才读懂上面那几句话："请将瓶子里的水全部倒入抽水机，以引出水流，离开时，也请务必将瓶子灌满水！"他心里燃起希望，激动地拔掉软木塞，发现瓶子里，果然装了一满瓶水！

他顿时清醒了，但他却不知道接下来，自己该怎么办才好。他的内心开始了激烈的挣扎：如果喝掉瓶子里的水，他就可以马上捡回一条命，还可能活着走出去，但这种自私的行为会给以后需要水的落难者造成令人绝望的灾难；如果按照瓶底的指示做，把唯一的一瓶水灌入抽水机里面，假如抽水机还是不出水，则有失去最后一点水的可能，那样，他也只能渴死在这儿……到底该怎么办？

最后，他决定冒险一试——听从瓶底的指示。他小心翼翼地将瓶子里唯一的水，一滴不洒地全部倒进破旧的抽水机里面，然后双手颤抖着慢慢汲水，终于，一股重力爬上了汲水轴，真的有大量水流出来了！

他痛快淋漓地饱饮一通后，往瓶子里灌满了水，盖好软木塞，然后在瓶底上又加了一句话："感谢一切，只要自己先学会付出，相信一定能获得值得感激一生的给予。"

小故事大道理

一小瓶水，可以引出一股活水，如果只想着自己，那也将永远都只是一瓶水。如果我们在感念那一瓶活命水的时候，想着做一个足以让别人感激的人，奇迹便会真的发生。

谢谢你等我

在苍茫的大西洋上，只有一艘货轮勇往直前地行驶在海面。忽然，船上一个帮工的黑人小男孩不小心掉进了波涛汹涌的大海里。孩子大声呼救，可无论声音多大，都很快被强劲的海风打散，根本传不到货轮上任何人的耳朵里。小男孩眼睁睁地看着轮船甩下一排排浪花，越走越远……

靠着求生的本能，小男孩在冰冷的海水里拼命游，他瘦小的双臂使尽全身力气，努力挥动着，伸进水里，然后伸出水面……小男孩睁大眼睛盯着货轮远去的方向。

船越行越远，最后缩成一个黑点消失在海面上，一望无际的汪洋里没有了一艘船。孩子实在游不动了，他已拼尽了全身力气，他觉得自己在一点点往下沉，往下，往下……

"放弃吧！"小男孩对自己说。这时候，老船长慈祥友善的面容浮现在眼前。"对，老船长会来救我的！只要他发现我不在船上，就一定会回来的！"想到这里，小男孩鼓足勇气，又使把劲儿，坚持向前游去。他用生命里最后的力量，等待着开轮船回来的老船长。

后来，船长发现孩子不见了，他找遍船上每个角落，过问船上的其他工人，大家都摇头说不知道，"糟糕，那个孩子一定是掉进海里去了。"当船长想到这儿的时候，他果断地下令返航，回去找那个孩子。这时，有人劝说道："他掉进海里已经快一天了，就算没淹死，肯定也被鲨鱼吃掉了……"老船长看着轮船出发的方向，遥远的一方，心里犹豫了一下，但最终决定还是返航。又有人说："那个孩子只不过是一个黑奴的小孩儿，为了他，值得这么做吗？""闭嘴！"老船长面色决绝地大喝一声。

终于，老船长赶回来了，在那个孩子还剩最后一口力气的时候，救起了他。

奄奄一息的小男孩被救上船后，便因疲惫昏死了过去。大家都惊叹，一个还不到15岁的孩子竟然能坚持这么长时间，真是令人难以置信。

当孩子醒来后，他镇定地跪在老船长面前，感谢他的救命之恩。船长扶起孩子问："勇敢的孩子，你一点都不惊慌，在海里游了那么长时间，难道你不怕……"

"我知道上帝一定会派您来救我的，我告诉自己您一定会回来的，一定会的！"小男孩眼神里仍满含希望地说，"所以我必须坚持等您！"

"你为什么这么肯定我会来救你？"

"因为我相信您就是那样的人！"

听到这里，年近古稀的老船长扑通一声跪在了那个孩子面前，"孩子，我应该感谢你救了我，谢谢你能等我回去，我为自己那一刻的犹豫感到惭愧……"老船长已满脸热泪。

小故事大道理

被人信任是一种幸福，能让身处危急之时的遇难者想起并相信，对于每个救人者而言，都是莫大的荣幸。感谢别人的相信，感激这一幸福。

不起眼的问候

有个业务员每天都会笑容满面地拜访客户，看看对方有什么新需求。有一天她走进一家主顾的店里，和平常一样，她首先和站在柜台后面的营业员寒暄了几句，然后敲开旁边的小门，进去见店主。可这次当她进去后，店主却开口说："你以后不要来了，我的店里不想卖你家的产品了。"顿时，她感到莫名其妙，并且十分委屈，她赌气转身离开了。

　　她在街上走了好久，先是愤愤不平：自己家的产品质量有保证，服务态度也不差，你不要，多的是客户，哪有这么奇怪的顾主，一句话就终止合作了？之后她又感觉事出有因，自己肯定是哪儿做得不对了。她决定返回到店里，把事情说清楚。

　　再次走进店里，虽然心怀疑虑，但她还是微笑着和大厅里的营业员打招呼，然后再到里面去见店主。令人意想不到的是，店主见到她进来竟然很高兴，店主笑着欢迎她回来，并且还要求增加一倍的订货量。她诧异不解，不知道自己离开后发生了什么事，难道自己第一次进来的时候，店主认错人了？

　　她热情地答应着，但实在忍不住，好奇地问店主其中缘由。店主朝外面看了看说："是我那位卖货的营业员，她见你被我拒绝离开后，进来告诉我，说你是到店里来推销的业务员中唯一一个会跟她打招呼的人。你不会忽视可能对你不重要的人，因而你不会自私自利。她告诉我，如果想要跟什么人做生意的话，你是值得信任的。"显然，店主接受了那位女营业员的建议。

　　从此，她待人处事更加诚恳，那个店主也成为她最好的顾主。每当再见到那位跟自己年龄差不多的女营业员，她的心里总是暖暖的，是她给了自己相信的力量，相信每一个人都是不可忽视的温暖个体。她也只能用关心、重视每一个人，来感谢、回报。

　　小故事大道理

　　心中永远不要只想着自己，不忽视别人才能遇见友好。关心别人、重视别人，用诚挚的心灵对待每一个人，自己也会得到温暖、快乐。

平凡土地上开出的花朵

在一次笔友会上，我遇到了她。她穿着一件浅色青花旗袍，古色古香，人也清雅充满灵气。随后的几天，我发现用餐时，很多人都叫好多东西，最后吃不完白白剩下，只有她从不浪费一点食物，少点多餐，并且还很爱吃苦瓜。

每次用餐，她的盘子里总少不了苦瓜，难道天生喜爱那种苦味？几天的活动参与，让我们慢慢熟悉起来，有一次聊天时，我不禁说出自己的疑问。她浅浅一笑，给我讲起一段难忘的往事。

她是一个农民的女儿，自幼家中贫寒，为了供她上学，父母省吃俭用，辛勤劳苦。后来，她进入一所重点高中，但心里竟是说不出的失落。其他同学都衣食无忧，穿戴也自然讲究，只有她旧衣布衫，并且也吃不起饭堂里稍好一点的菜。

同学们谈论的潮流话题，她总感觉与自己遥不可及，所以也从来不多议论一句话。她成绩一般，几乎引不起别人的注意。她就像把自己置身于一座孤岛上，四周是茫茫无际的荒野，那份漫无边际的孤寂，在一点点吞噬她的自信。

升入高中的第二年开始了，她以为生活还会波澜不惊地缓缓流淌。有一天，班里新来的语文老师说，有一位同学的作文由他推荐，发表在校报上了，老师大声朗读，没想到文章的作者就是她。第一次获得这样的惊喜，她在荣耀面前低着头，但脸上露出点点笑意。

从那以后，她的作文经常受到老师的夸奖，还被老师拿到别的班级朗读传阅，其他老师也说她的文章实在好，飘逸且活灵活现，同学们也佩服她能写出这么美的词句，纷纷说她真是不简单呐。

他们都不知道，为了省钱，她每个周末都故意拒绝和同学们一起出去游玩，而她的身影会按时出现在图书阅览室里。独自一人看书、吃饭、再回去看书，虽然自己的世界里有点冷清，但有丰富的文字让她沉醉，她也总能将心间点点滴滴的美好、感动，汇流在白纸上。

不久，又到了期中考试的时候，可她的成绩一如往常，平平而无起色。课上，老师看着她漫不经心的神情，心里百感交集。终于，一天中午下课后，老师说要找她谈谈。

老师把她叫到办公室，看她紧张不已，双手拘谨地握在一起，便微笑着说，我今天带的饭菜太多了，你帮我消灭一下。说着，老师拿出两份餐具，将亲自炒好的菜摆好，并帮她找椅子坐下，一起吃饭。

老师热情地招呼她吃菜，还没敢细细看清是什么菜，她慌忙夹起一块儿，闻见一阵清香，放进嘴里，吃起来微苦。老师说那道菜叫酱汁苦瓜，是他们家乡的特色菜，可以清热解暑。

看着她吃得还习惯，老师又接着语重心长地说，苦瓜虽苦，但做起菜来营养价值极高。生活也是这样，以苦为乐，艰苦也能发出不一样的光芒，让人生更明亮。她怔怔地看着老师，游移进自己的内心世界思索着。老师笑笑，她停止了万千思绪，又听到一句"你乐观聪明，老师相信你会很优秀……"听了那些话，她心里像被什么东西击中了一样，她的脸红了。

从此以后，她集中全部精力认真学习，成绩也得到了很大提高。高考结束后，她考上了一所外地的名牌大学。跟着通知书一起寄到她家的还有一万元钱和一封信，信上说，她获得了中学为优秀学生准备的奖学金。

她开始了自己的大学之路，也进入了知识的天空，自由翱翔。上学期间，她便陆续发表了不少作品，毕业后，她很快便成了小有名气的作家。直到现在，她结婚生子，日子过得有滋有味。

后来，参加一次同学聚会，她又见到了那位老师，她真诚地向老师和母校表达感激之意，说那笔奖学金帮她解了燃眉之急。老师温和地笑了笑，这时，听到有位同学说道："其实那一万元是老师自己攒的钱，还有我们或多或少也都捐了点。"

她站起身来，用感激的眼神望着一张张亲切的面孔，心里满是感动，她走到大家面前，弯下腰去，深深地鞠了一躬。顿时，一片如雷的掌声响起。

再平凡的土地也能开出美丽的花，只要你不因为它的贫瘠而甘于平庸，失去乐观向上的精神。贫困并不可怕，它不是我们安于现状的理由，而是我们勇往直前的动力，为了人生精彩地绽放，努力吧。

在沉睡里遇见

大卫·科波埃尔是美国费城的一位普通市民。他经常会收到一些发错的短信，因为人们总是把他错认为一位知名的跳水运动员大卫·科波菲尔。

有一天，科波埃尔又从酒吧醉醺醺地回到家，他打开自己的手机，看到几条同样是发给那位名人的短信，但其中有一个名字有点熟悉，就是那个不止出现了一次的"艾米"。如果没记错的话，科波埃尔几乎每天都会收到这个自称叫"艾米"的一条短信，但他知道对方要找的人并不是自己。看着那条"科波菲尔先生，我能收到您的回复吗？"他本来懒得理睬，但又有点好奇。他在无聊中忍不住回了一条："你好，谢谢你这么支持我。"

不久后，就有了回应信息："天呐，我真的收到您的回复了，我这不是在做梦吧?!"

科波埃尔回道："噢，这是真的。"

发出信息后，科波埃尔有些发呆，他自言自语道："人家崇拜的人是那位冠军，又不是我，这难道还不是做梦？"

对方又马上回复道："听说你除了跳水外，踢足球也非常厉害，咱们能上网聊聊足球吗？"

就这样，科波埃尔和艾米几乎每天都会聊一会儿。艾米很健谈，关于跳水、足球等各项体育运动都有自己的见解，还总能找出丰富有趣的话题，这使科波埃尔感到很快乐，他突然觉得生活不再那么枯燥无味，他渐渐依赖上了和艾米隔着电脑谈天说地。为了能和艾米交流，科波埃尔开始恶补体育知识，他省吃俭用，攒钱买了大量的体育类图书，尤其是关于足球的，对巴西伟大的球队有了很多了解。三个月后，在聊天中，他侃侃而谈，终于也能主动提出点自己的看法了。

忽然半年后的一天，科波埃尔打开电脑，却发现艾米不在线。他等了一会儿，忍不住发起对话，问艾米正在做什么，收到一条"正在查找某个体育节目的竞聘通知"后，艾米就又没有了音讯。

一周快过去了，他始终没有收到艾米的任何信息。星期天一大早，科波埃尔就打开了电脑，可惜，艾米仍不在线，他有些茫然若失。中午的时候，科波埃尔家的门铃突然响了，他打开门，收到一封投递员送来的特快信函，打开一看，原来是一栏体育节目的面试通知。科波埃尔感到莫名其妙，自己从来没有报过名，怎么会有面试通知呢？

科波埃尔原来是一个手机工厂的部门经理，但是，美国迎来了金融危机，他遭遇了裁员。失业后，科波埃尔一蹶不振，百事无心，每个月都靠父亲给的生活费过活。收到面试通知后，他心动了，决定去试试。为此，科波埃尔把一些体育知识又狠狠恶补了一下。

那场面试一共有三十多个人参加，科波埃尔抽到了六号。在短暂又漫长的等待过程中，他紧张地出了一手汗，心中有些忐忑不安。

面试的题目是解说一段足球比赛录像，一个多小时后，轮到了科波埃尔。面试官说："你的名字和大卫·科波菲尔很相像，你和他也有些共同的体育爱好吧，你认识的人有从事解说员的吗？"

科波埃尔叹息了一声，回答说："我远在老家的父亲曾经是一名足球比赛解说员，他一直想让我继承这项事业，可是，我辜负了他。"

接下来，是现场解说时间。一段足球比赛录像出现在电视屏幕上，科波埃尔一阵兴奋，那个比赛片段，他再熟悉不过了。那场比赛是父亲退休前接到的最后一场解说，而且，前段时间在和艾米的聊天中，他们曾经对其讨论过多次，艾米已经使他对那场比赛耳熟能详了。

科波埃尔的解说开始了，虽然联想到父亲和艾米，他的心中不免有些激动，但最后他还是赢得了热烈的掌声，还有那份工作，足球比赛解说员。

面试成功后，科波埃尔兴高采烈地往家赶，在路上，他便收到艾米发来的祝贺短信。他愣愣地问艾米为什么会知道面试结果，艾米说是自己找资料帮他报的名，他心中一惊：原来艾米早就知道自己不是那位名人。他忙问：你到底是谁？只见回复短信上写着一个再熟悉不过的名字，那就是他的父亲。科波埃尔眼眶一热，顿时明白了一切，父亲就是"艾米"，是他老人家把他从沉迷中唤醒。

小故事大道理

生活中，我们难免陷入迷茫，这种恐惧未知的日子可能会瞬间结束，也可能会一直继续下去。在你沉睡不知的时候，感谢那个大声唤醒你自信心的人吧。

一蜘蛛一慈悲

他们的部队遭遇偷袭，敌人打了他们个措手不及。一开火，他们整个部队瞬间被打垮，队友们东跑西奔，丢盔弃甲的他突出重围，只能逃跑，别无选择。

在毫无掩护的山坡上，他拼命向前跑，敌人在身后穷追不舍。疾跑耗费了他本来就所剩无几的力气，可后面的追赶声强劲有力。这时，他看到一个山洞，他知道，躲进洞里也是九死一生的权宜之计，但他实在没有一点力气了。出于求生的本能，他还是选择了进洞躲藏。

山洞不大，只有两三米深，他隐蔽到一个黑暗的角落。心想，剩下的一切就听天由命了。他心里默念，如果这次能躲过这一劫，他愿今后每天做一件好事，帮助一个人。突然，他的脖子被什么蜇了一下，他吓得浑身一颤，该死，竟是一只蜘蛛，他真想踩死它，可一刹那，他心生怜悯，放了它。小小蜘蛛，爬向外面，独自逃命去了，他多么想也变成一只小蜘蛛！

出乎意料，蜘蛛停在洞口，开始织网，不急不忙地在洞口晃来晃去。

此时，外面飘来敌人四处搜寻的声音。他心里清楚，他们很快就会闯进洞里，发现他，然后把他杀死。

他压制住无尽的惊慌、恐乱，心里盘算着，等敌人冲进来，他要在最后一刻有尊严地赴死，他要从暗处一跃而起，扑向第一个进来的人，和他进行最后的搏斗。他的心翻江倒海，在疯狂地跳动。

他能感觉到一个端着枪的敌人在朝洞口逼近，忽然停住脚，敌人转身喊道："不用进去了，肯定没藏在洞里面，洞口的蜘蛛网都完好无损。"

忽然，一切声音都消失了，只有两条死里逃生的生命在洞里、洞口相互仰望。

小故事大道理

蜘蛛固然弱小，但亦可与人相互拯救，可叹可敬。真可谓一时慈悲，两生性命。所谓勿以善小而不为，有时我们一个小小的善举，回到我们身上可能会放大很多倍，甚至拯救自我。

辑 九

宽恕——容天纳地的博大胸怀

帕比的白衬衫

放学后，九岁的帕比气冲冲地回到家里，用力推开大门后，在院子里使劲地跺脚。他的父亲看到帕比生气的样子，就把他叫了过来，想问问他发生了什么事。

帕比慢吞吞地走到父亲身边，气呼呼地说："爸爸，我以后再也不会搭理华沙了，他真是个讨厌鬼。"

正在院子里干活儿的父亲静静地听儿子诉说。帕比继续愤恨地说："他让我在朋友面前很丢脸，我现在最大的希望，就是他赶紧遇上几件倒霉的事。"

他父亲走到一边，找到一袋煤块，然后告诉帕比他可以把晾晒在前面绳子上的白衬衫当成华沙，把袋子里的煤块当作他希望中的倒霉事。父亲还让他用煤块去砸白衬衫，每砸中一块，就代表着华沙遇到了一件坏事。他可以尽情地使华沙遇到倒霉事——用煤炭砸向白衬衫。

帕比觉得这个游戏很有意思，他拿起黑煤块就往前面的白衬衫上砸去。可是挂在前面绳子上的白衬衫，轻飘飘得像长了翅膀，总能很敏捷地躲闪。最后，帕比把煤炭扔完了，也没有几块投中目标。

父亲问帕比："现在说说你的感觉吧？"

他说："你看我不是扔中了好几块黑煤块吗，虽然有点累，但是我开心极了。"父亲看看白衬衫上几个黑印子，心想儿子一点都没明白他的用意。于是说："亲爱的，你可以去照照镜子，看有什么新发现。"来到一面大镜子前，帕比看到自己满身都是黑煤灰，脸部只有牙齿是白的。

这时父亲说道："你看，你想用很多黑煤块投中白衬衫，却没有发现自己却染上了比它还要多的坏东西，变得比它还要脏。同样，你想让很多倒霉事发生在惹你生气的人身上，结果大多数倒霉事都会在无意中落到你身上。"

小故事大道理

> 有时候，对于你心里的坏念头，说不定大多数都会兑现在你自己身上，即使如我们所愿，别人倒霉了，但是我们身上坏念头的更多污迹却难以消除。

三根手指

一位书生来到寺庙里求香拜佛，遇到方丈，便开始叙别畅谈，说到当今的世态，书生颇有感慨："方丈大师，林林总总大千世界里，纷纭众生之间的关系，真是越来越复杂了，不是虚伪做作，就是尔虞我诈，真可谓世态炎凉、人心不古。敢问大师这是为何，我们又该如何处之呢？"

大师沉默不语。这时，鸟儿啼鸣于青树，不时会落下零星的鸟粪，忽然一滴掉到了书生身上。书生站起来指着树上的鸟儿大骂："没长眼睛的东西，真该死。"

"善哉善哉，"大师笑着说道，"施主，生活的道理就在你伸出的那只手中。"原来书生指着鸟儿的那只手，一根手指指向小鸟，大拇指很自然地指向天空，剩下的三根手指则指向自己。

看看自己伸出的那只手，书生仍感到困惑不解，方丈解释说："你瞧，你刚刚责骂鸟儿时伸出的手形，只有食指指向了树上的小鸟，这意味着你责怪别人是用一根手指，而有三根手指指向自己，这暗示着我们在指责别人时，其实应该做出三倍的自责，严格要求自己，而对别人心存宽容。还有一根拇指指向天，也就是说还有一些人们身在其中谁也想不到、说不清、弄不明白的道理，这样的事情就只好由老天来评判了。"

大师站起来望着树上鸣叫的鸟儿，接着说："树木丛林本是鸟儿停歇嬉戏之处，落下鸟粪也是自然而然的事，它们是无辜的，错在我们站的地方不对。"

退一步海阔天空，事事不可能都分出个高低、争出个胜负，因为人世间本来就没有绝对的对与错、是与非。

点灯人的奇迹

这天晚上，伦敦的街上霓虹万千，车水马龙。两个富绅从一家高级酒店里走出来，大摇大摆地在街头散步。突然他们看见马路边躺着一个衣衫褴褛的流浪汉，流浪汉吃力地爬到他们面前，奄奄一息地乞求道："我已经三天没吃东西了……救救我……"说完便又昏死过去。

其中一名叫科迪特的富绅神秘地笑了笑，小声对另一个瘦绅士说："嘿，先生，我有个好主意。你看，我有的是钱，在这个城里已经没什么好玩儿的，正好我们拿这个人取乐吧！"

的确，科迪特有花不完的财产，他挥霍成性，玩世不恭，总是抱着游戏人生的态度。没等瘦绅士发表意见，科迪特就迫不及待地叫人把流浪汉带到了一家小旅店。

流浪汉被叫醒吃饱喝足后，便向科迪特讲述了自己的悲惨经历：他名叫彼得，是个孤儿，从偏远的地方流落到伦敦，因为找不到工作，一直没钱吃饭，最后饿昏在街上，幸亏好心的科迪特救了他。然而彼得还不知道，科迪特救助他的目的，其实是想戏弄他。现在科迪特正为自己琢磨出的恶作剧而暗暗得意呢！

科迪特拍拍彼得的肩高兴地说："我们做个交易怎么样？我每月给你五英镑，而你只需要每天晚上在指定的八个小时里，从晚上六点到凌晨两点吧，点着灯待在房子里，不能和任何人说话，怎么样？"

彼得听后目瞪口呆，他确认这不是开玩笑后，爽快地答应了。就这样，他们谈成了一笔奇怪的交易。

第二天晚上，彼得果然按照科迪特的要求，独自在房间里点了一盏灯。那晚，科迪特得意地叫来瘦绅士，对他说："亲爱的朋友，你若闲极无聊，就到这儿来看看笑话。我用分期付款的方式买了一个廉价的大傻瓜，并且长期有效……我想，他一个人待在屋子里什么也不能做，一定会闲得变成酒鬼，再不就是无聊得发疯……可他为了每个月的五英镑，还不得不那样做，他就是这号角色！"

瘦绅士摇摇头对科迪特说："这有什么好玩的？"科迪特得意地说："玩偶……用活人制成的玩偶，最有乐子的把戏！"科迪特说罢哈哈大笑，扬长而去。

这可怜的彼得从此就每天傍晚一个人待在屋子里，准时点亮一盏灯。

时间一晃就是五年。一天夜里，医院来了一个浑身脏兮兮的老头。他是在贫民窟黑黢黢的房子里，因为没有灯，不小心绊了一跤，摔伤了腿。由于剧痛，羸弱的老头很快就昏死过去。他接受治疗后，醒来看着眼前的医生，正要表示感谢，忽然听那位医生说："我们又见面了，科迪特先生，你还认识我吗，我是彼得，就是以前听你吩咐点灯值夜班的那位。"

科迪特打量半晌后，咕哝道："怎么会发生这样的事？真是活见鬼！这是怎么了？"彼得说道："是的，请问你的变化怎么这么大？"科迪特痛苦地说："我因为破产，已经一无所有了……从三年前，我就彻底沦为乞丐了，可你呢？你是怎么回事？"

"我点了几年的灯，"彼得微笑道，"刚开始确实很无聊，我发现屋子里还有几本书，便翻出来看，我找到一本破旧的解剖学，我如痴如醉地读了一整夜。天一亮我就去图书馆找人询问，当个医生都要学习什么科目，那人却充满讥讽地告诉我，得研究生物学、药物学、数学、拉丁文，等等。不过，我没在意别人的讥讽……"

彼得顿了顿，接着说道："有天晚上我回到那个房间，发现窗外有两个人影，我还听到其中一个轻蔑地说：'彼得真是个地道的傻瓜！他还在等每月惊奇的五英镑，不过我现在不想再为这个荒唐的游戏继续破费。'那个说话的人，就是你。"

科迪特羞愧地问道："那后来呢?"彼得笑了笑说："我用攒下的钱买了很多书，开始拼命地学习。那些都是你之前寄给我的钱。后来我遇到一位大学生，他很同情我，帮助我考取了医学院。有了一技之长，我成为今天给你看病的医生……很长一段时间，想到你羞辱我的话，我都想找到你揍你一顿，不过后来我想通了，没有你的耍弄，我也没机会成为一个有教养的人……"彼得说完，沉默了。

科迪特羞愧地低下了头，他被彼得的经历震惊了，他说："我以前不该对你那样，请你原谅我对你的伤害。"彼得拍了拍他的肩膀，看着怀表说："九点钟，你该睡觉了，三周后你就可以出院了。到时候别忘了联系我，我会在这儿想办法给你找一份兼职：登记病人的姓名。你在黑乎乎的房间里，请点上……哦，虽然灯有点浪费，那也要点上一根蜡烛呀。"

小故事大道理

宽容是给对方最好的惩罚，也是给自己最好的奖赏。心胸宽阔，我们才能到达别人难以企及的高度，进入一个更广阔的世界。

红的礼品

星期一的早晨，天空晴朗，明亮的阳光照进红的小店，她静静地在店里摆放着各式各样的礼品，小心翼翼又很享受。

忽然，一个年轻人不声不响地走进店里。他看上去面色阴沉，十分不快。他扫视了一下陈列架上的礼品，最后，指着一只精美的仿制乌鸦，冷冷地问多少钱。"60元，先生……"红热情地回答，正要介绍礼品的材质与意义，被依旧毫无笑意的年轻人打断了，他冷漠地把钱甩在柜台上。红很是诧异，自从开业后，还从没有客人这么爽快过，可她又很好奇年轻人买这只乌鸦的用意，便试探地问道："先生，您买这个礼品是要送人吗?"他抚摸着那只鸟，冷冷地说是要送给他的未婚妻，他们明天就要结婚了。红心里一惊，虽不知年轻人为何婚礼前一天会这么反常，甚至有些愤恨，但她知道如果这只乌鸦出现在婚礼上会是什么后果，它会像一个马蜂窝，搅得整个现场都很混乱。红沉思了一下后，亲切地说："先生，既然是送人的，那应该好好包装一下才像样子，可是我们的包装盒今天还没到，您明天再来取好吗？等盒子送来后我一定为您选一个经典、漂亮的礼品盒……""可以，谢谢！"说完，年轻人便转身离开了。

第二天上午，年轻人急匆匆地来到礼品店，取走了红为他精心包装的礼品。

婚礼幸福地进行着，可新郎却是另一位年轻男子！年轻人疾步走到新娘面前，将精致的礼物送给了她。随后，头也不回地跑着离开了。跑在回家的路上，年轻人焦虑地猜想新娘打开礼物的情形，她一定会很愤怒与怨恨，然后打电话过来骂自己一通。回到家，年轻人焦急地等待着那通火爆的电话，忽然，他感觉很后悔，失声痛哭了起来，如果让他重新选择，他确定自己不会出现在婚礼现场，可现在为时已晚……

夕阳将余晖洒进窗子，安详平和，年轻人却在不安地等待着。终于在婚礼结束的时候，新娘给他打来了电话："谢谢你，谢谢你的祝福，你一定能找到更适合你的另一半，我会永远珍藏你送给我的这么好的礼物……"电话另一端是喜悦与激动的声音。年轻人默默地放下了电话，疑惑不解，但他隐约觉得原因是在礼物身上。

他迅速跑到红的礼品店，来到柜台前，他惊奇地看到，那只栩栩如生的乌鸦还静静地站在架子上！原来红将礼品换成了代表幸福和祝愿的鸳鸯。

瞬间，他明白了一切，年轻人感激地望着红，而红依旧细心地收拾着自己的礼物们，她静静地对年轻人微笑了一下。年轻人阴郁的脸上终于绽出了久违的笑容，那是发自内心的笑容，是他原本的样子。"谢谢您，让我重新找回了自己。"他充满感激与尊敬。

　　谁伤害了谁，谁又不可原谅？有时原谅只需一瞬间，宽容能回馈以快乐，宽恕亦可以让我们惊喜地发现自己。其实打开我们的内心，宽恕他人，就是给自己的心灵松绑，也成全了自己。

一片树叶

　　一个书生千里迢迢到山上问庙里的大师说："我两耳不闻窗外事，一心只读圣贤书，可为什么我这么安贫乐道，还是有人诽谤我，诋毁我。如今，我实在难以忍受这些是是非非，为了远离尘世，我愿遁入空门以求清净，恳请大师准我削发为僧！"

　　大师平静地听他说完，并没有回应他的请求，只是让他去看样东西。

　　大师带书生来到后院的一条小溪旁。那里林木森森，大师捡起地上的一片落叶，又吩咐一个徒弟拿来一碗一勺。

　　书生不解，只见大师手拈秋叶说："你心境清明，不惹是非，就像这片叶子一样清净安和。"说着大师将那片树叶放进碗里，接着问道："如果说充满诽谤和诋毁的人世如一口苦井，你现在的心境是不是就像这枚叶子沉陷碗底呢？"书生叹口气，点点头说："确实如此呀！"

　　大师从溪里舀起一勺水说："这就好比一句恶言，它想要打沉你。"说着将那一大勺水浇在碗里的树叶上。树叶在碗底打了几个转，便静静地漂上水面。大师又舀起一碗水说："这还是来自尘世间的一句流言，想要深深打击你，但我们看看它到底有什么威力呢？"说着又将整勺水猛地倒进了碗里，但树叶晃了晃，依旧漂在水面上，只不过离碗口又近了些。书生若有所得地说："树叶安然无恙，不过是碗里的水多了，但也因此树叶漂浮得更稳了。"大师听了，微笑着点点头说："世间的纷扰繁杂、流言蜚语就像碗中水，不仅不会把树叶打入碗底，相反，还会助它一臂之力，让它一步一步远离碗底。"大师边说边往碗里续水，不知不觉就倒满了，那枚树叶漂浮在水面上，晃晃荡荡，好像为什么重要的事，积极地做着准备。

大师望着碗中的树叶感叹："流言要是再多一点就好了。"书生听了，露出了困惑不解的表情。大师又弯腰舀了半勺水倒进碗里，这时，水溢出碗外，那片叶子也随流而出，掉到了小溪里，然后就随着溪水悠悠地漂走了。

大师说："现在树叶跳出了陷阱，随着溪水漂向远方，它会到达更广阔的天地，这全是流言蜚语的功劳啊！"

书生恍然大悟，会心一笑说："大师，我明白了，叶在水中永不沉底，世间的打击只会让它愈清愈静。"大师欣慰地转身离去。

小故事大道理

纯净的心灵不会被任何流言恶语击沉，即使把它打入淤泥深积的池底，它也会开出香远益清的莲花。

让我们再走过花园

阿宋是一个警察，他修习过由一位著名演说家教授的用创造性的方法买下不动产的课程，令人不可思议的是他用感人的方式应用了课上的创新方法。

在阿宋选修课程之前故事就开始了。他每天巡逻的时候总忘不了拜访一位老人，久而久之养成了定时看望老人的习惯，老人的房子是一座占地 100 平方米，从窗户往外望可以看到青山绿水的建筑。老人大半生都在那儿度过，他非常喜欢那座建筑的视野，可以看到葱郁的树木和清澈的流水。

阿宋每周会去看望老人一次或两次，那时他们会一起喝茶，闲坐着聊天，偶尔还会到花园里散一会儿步。

有一次他照常去拜访老人，房间里却弥漫着令人悲伤的气氛。老人告诉阿宋自己的健康状况正随着一天天的衰老急剧下降，他必须卖掉这座漂亮的房子，搬到养老院去……说着说着老人已泪流满面。

那时，阿宋刚刚结束用创意购买不动产的课程，他冒出了一个疯狂的念头，希望自己能够根据所学的课程想出买下这座美丽的大房子的方法。

老人想将这栋房产一次性卖 20 万元，而阿宋只有 1000 美元，每月要付 300 元房租。当时阿宋的待遇还算不错，虽然自己充满希望，但要跟拥有这么好房子的老人成交，似乎很难想出什么好主意……除非把爱的力量也算进阿宋的银行卡里。

阿宋想起课程上的一句话——知道卖主真正想要的东西是什么。他寻思许久，终于想出了答案。不能再到花园里散步是老人最遗憾的事。

阿宋说："如果你把房子卖给我，我保证会随时接你回来去看看你的花园，至少可以每个月一两次，我们可以像往常一样坐在这儿喝茶，然后一起散步。"

老人满意地笑了，笑中充满爱与欢喜。作为必须签署的协议，老人要阿宋把他认为公平的条件写下来。阿宋愿意付出他的所有，原来的卖价要 20 万元，而阿宋付的现金只有 1000 元。这样剩余亏欠的 19.9 万元，阿宋会分期交付，并每月付 100 元利息。老人很高兴，他还把整个屋子的家具都作为礼物送给阿宋，甚至包括一辆供孩子驾驶的玩具汽车。

在物质上，阿宋获得了令人难以置信的胜利，而真正的赢家却是快乐的老人。

小故事大道理

自己的付出都会回报到自己身上，帮助别人的同时也是在帮助自己，多么美好的亲密关系，多么美丽的生命报偿。

质问上帝

有一次，小镇上连着下了十天大雨，最终引发了洪水，人们纷纷逃难，只有一位神父在教堂里祷告。凶猛的洪水毫不留情，眼看就要没过他跪在地上的膝盖了。

这时，一名救生员驾着充气船来到神父身边，对正在认真祈祷的神父说："喂，神父，快上船！洪水越来越大了！"神父坚定地说："不！你先去救别人吧！我自有上帝来解救。"

过了一会儿，洪水已经快要淹过神父的脖子了，他只好勉强站起来，走上高处的祭坛。这时，又有一个军人划着救生船过来，他对依然面不改色诚心祷告的神父说："神父，赶快上船，你会被洪水淹死的！"神父不假思索地说："不，我要在我的教堂里等上帝，我相信他一定会来救我的，你去救别人吧。"

过了没多久，整个教堂都被洪水吞没了，一心祈祷的神父只得爬上教堂顶端，紧紧抓住高处的十字架，继续等待上帝的出现。忽然，一架直升机缓缓地飞过来，只见一条绳子从飞机上垂下来，神父惊奇地望了望，却看到一名飞行员在朝他大叫："神父，快抓住，这是最后的机会了，否则你就真的被淹死了！"神父闭上眼睛，还是意志坚定地说："不，我要在教堂里等上帝，他一定会来救我的。你去救别人吧。上帝与我共在！"

洪水滚滚而来，最后，一心想见上帝的神父被淹死了……他升到了天堂，终于见到了上帝，却不是在自己的教堂，而且他再也回不去了。他生气地问上帝为什么不肯救他，自己兢兢业业地侍奉上帝，无时无刻不真诚地奉献自己，难道自己做得还不够好吗？上帝说："我怎么没有救你？第一次我派了汽船去救你，你不要，我以为你担心汽船不安全；我又派了救生艇救你，你同样拒绝了；最后，我派了直升机去救你，这可是对待国宾的礼仪，结果你还是拒绝了。所以，我以为你愿意早日来到我身边，就随洪水把你带回来了。"

小故事大道理

当别人愿意帮助我们的时候，唯有我们也伸出手来，才能获得救助。不要让过度的固执和无知的冷漠，阻碍我们接受正常的帮助，有时候拒绝别人，就是贻害自己。

最可爱的老人

这是一个真实的故事。

一个年过六旬的老人，平时靠捡废品卖钱为生。

有一天清早，老人在大街上捡到一个黑色小塑料袋，打开一看，里面竟是一打现金。老人数都没数，毫不迟疑地蹒跚着赶到当地的派出所。那里的值班民警清点了钱数，不多不少共 8000 元整。民警又在老人的引领下赶到那条街上勘察了一番。然后，老人在民警的要求下，回到派出所里耐心地做笔录，前前后后折腾了将近五个小时。

"民警同志，我想麻烦你个事儿，我早上没吃饭……"老人不好意思地说，"你能借我五毛钱买两个馒头吃吗？"原来拿着 8000 块钱忙活了大半天，老人口袋里连一分钱都没有！在场的人都震惊了，纷纷掏出钱争着抢着递给老人，老人却坚决不多要，他说五毛钱就够买俩馒头。最后老人坚持只借了五毛钱，并嘱咐民警要尽快找到失主，把钱还给人家，他担心道："还不知人家心里怎么着急呢！"在场的民警感动得眼睛一阵阵发酸，他们拼命地点头答应。多么可亲可爱的老人啊！

连买馒头的钱都没有的拾荒老人，拿着对他来说可谓天文数字的巨额现金，竟然毫不心动，还饿着肚子毫无怨言地帮着寻找失主，这件事就发生在我们的身边，容不得你不可置信，多么令人动容！

他虽然没有万贯家财，但在看待金钱及使用金钱上，老人当之无愧是位高贵者。

> 高尚、伟大、善良这些金子般的品格从不会择人而落，它们会公平而真实地闪烁在你身边。

公交车上的拯救

早上七点，开往市中心的695路第三班次公交车上坐满了乘客，大家都在焦急地等待着司机的到来。七点十五分，七点三十分了……赶着上班的宝贵时间就这样一分一分地过去了，可司机还没有到。一些人骂骂咧咧地嚷起来："司机干吗去了，我们上班都来不及了。"性急的人甚至拿起手机，准备向市公交公司投诉。

这时，一位满脸疲惫的中年男子才拉开驾驶室的玻璃门，坐在了驾驶位上。面对大家的抱怨，司机默默无语地启动了车子。上班的路程终于启动了。

"开快点，开快点，都耽误好多时间了，我们上班迟到，可是要被罚钱的，真是一个要命的司机……"一位中年妇女气急败坏地嚷道。

"还有没有职业道德，丢下我们一车乘客，自己跑到哪里去了？"一个小伙子火气十足地说。

"大家都别吵了，谁还没有点急事的时候呀，司机同志肯定事出有因才迟到，大家理解一下。"一个学生样子的男孩儿站了起来，为司机打抱不平道。

"学生同志，你就别帮他分辩了，我们肯定要找公交公司投诉他。"一个商人模样的男子说道。

车上，人们都愤怒地数落着司机的"罪行"，一个接一个似乎没有休止的意思。老郑也从中途上了这班车，他从断断续续的怨声中听懂了事情的缘由。

看着脸色一会儿青，一会儿白的司机，老郑心里有点不平，他急忙劝解道："人的一生，谁没犯过错？谁没有遇到过难事？大家都想开一些，和气一些吧！"

老郑耐心地缓和着车里的气氛，怒气冲冲的乘客们终于渐渐平复下来。这时，公交车在一条大河边上停了下来，老郑连忙问司机："司机同志，您是不是生病了，要不要先下车去看看医生？"司机摇了摇头，重新启动了车子，公交车继续向前驶去了。

车子到了终点站，老郑刚想下车，司机突然叫住了他，说了几句令人意想不到的话："同志，因为今天我老婆得癌症去世了，我心里十分难受，刚才我把车停在河边，要不是你还在车上，我就想自己也跳河算了，一了百了，不过，现在我已经想通了……"

老郑听后，笑了笑，用手使劲拍了拍司机的肩膀，下车向公园走去了，他要去散散心。其实，司机根本不知道，老郑的公司破产了，损失了好几十万元，债主天天逼上门来要钱。他今天想做的唯一一件事就是去学校看女儿最后一眼，然后自杀。遇到被众人指责的司机，他心里更是着急，想临终前做件好事，最后没想到自己的几句善意良言挽救了司机的生命，也拯救了自己。

小故事大道理

"人的一生，谁没犯过错？谁没有遇到过难事？"给别人一份宽容，也是给自己一缕阳光。

战争中的孩子们

第二次世界大战快结束的时候，在欧洲战场上，希特勒用他最后一把尚方宝剑——希特勒青年团，又名婴儿师，顽死抵抗着。婴儿师是德国因兵源匮乏，强制征召的12～16岁的少年，因为年少，他们每周都会领到五斤牛奶和巧克力，所以他们的标志就是后背上的奶瓶图案。

兰玛军官率领炮兵团袭击德军占据的一个小城，在城外他遭到了德国婴儿师的强烈抵抗。兰玛溃败，他们收拾残军匆忙逃窜。

家住小城的面包师米勒和他的孙子伊盟目睹了这次战争的惨烈。德军虽然打了胜仗，可也损失惨重，看着被大炮击中的少年，米勒哭了，他对孙子说："他们还是孩子呀，他们和你差不多大……"

一个月后，德军一万余人的婴儿师只剩下了五百余人。伊盟难过地请求米勒说："爷爷，他们都是跟我一样还没成年的孩子，我们本来可以成为朋友的，可是……咱们想办法救救他们吧！"米勒皱了皱眉，说他要出去一趟。

第二天傍晚，米勒终于回到了家。他写了一封信让伊盟去送给驻扎在郊外丛林的兰玛军官，自己则带上家里所有的钱，匆匆出门了。

伊盟把信交给了兰玛军官，兰玛军官看完信后却质疑地把信丢还给了伊盟。伊盟这才从信上得知，爷爷恳求兰玛将三天后袭击德军婴儿师的时间推迟几日，他说自己会保证那时的婴儿军将无力作战，"请相信一个老人的祈求，放过那些孩子吧。"米勒最后写道。

伊盟也很吃惊，难道爷爷用"祈求"就可以解救那些孩子？带着疑问，他回到了家里。

第二天晚上，米勒背着一个大包裹回来了。伊盟打开一看，里面竟然是一堆巧克力！米勒说，这是他偷偷从德军那里换回来的。

原来米勒昨天去了城东一家旅馆。他打听到，那里是德军后勤部采购食物后的必留之地，他们每次买完巧克力，都会走进那家旅馆喝点酒。于是，米勒自己出钱秘制了一大批一模一样的巧克力，但是还加入了他前两天出去找到的一种药，能起到让人四肢麻木的药效。接着，米勒说服旅馆老板将在那里喝酒的德军的巧克力悄悄调包。老板也很同情那些德国孩子，便答应下来。

伊盟目瞪口呆地说："咱们不是要救那些无辜的孩子吗？怎么让他们服下使四肢麻木的药呢？"米勒笑而不答。

很快到了兰玛发起袭击的时间，忽然传来德军已经退战的消息，他从密探那儿得知那五百余名婴儿军突然得了怪病，被送回去救治了！

三周后，二战结束，德军战败。米勒又让伊盟给国际法庭送去一封信，他在信上说了救治那些孩子怪病的药方。收到来信后，军医们立即按照上面的方法对那些孩子进行了救治，果然有效，他们惊讶得直摇头。他们追问米勒为什么会有药方，伊盟补充说："几年前，爷爷为了研制出更加美味的面包，自己误食了一种药，患上了相同的病症。后来爷爷误打误撞，才找到了解救的办法！"大家恍然大悟。

后来，当问起为什么三周后才将救治方法说出。米勒表示，如果战争结束前治好那些孩子，那么，他们还有可能被派出作战而牺牲。

小故事大道理

同情没有国界，更超越战争，对别人心怀怜悯，也是自己人生中一笔宝贵的财富。

找到哥哥

几年前，在吉隆坡一个小渔村里，一个小男孩用无私奉献的意外所得给人们上了生动的一课。

出海打鱼是整个村庄的生存之道，所以随时组织自愿紧急救援队就成了他们必不可少的行动。有一天晚上，海上风急浪高，突然暴风狂起，一条渔船被吹翻，紧急救援的号角又吹起了。救援队的船长迅速组织队员出海救助，村民们也都聚集在海边，为艰险中的乡亲们默默祈祷，并不知疲倦地举起灯火，为英勇搏击在海浪中的同伴们照亮回家的路。

漫长的一个小时后，救援队的船穿过云雾，开向岸边，等候在海港上的人们欢欣鼓舞，急忙跑上前去迎接慰问着在生死线上竭力战斗，带着满身疲惫凯旋的勇士们。忽然船长说因为救援队的船承重有限，无法带回所有的人，所以在那只危险的渔船上还留有一位村民，必须组织人员再返回大海搜寻抢救。可回来的人们都已精疲力竭，必须号召志愿者加入出海。

在慌乱中，船长问岸上的人谁可以出海救援，几个中年男子应声而出，随后15岁的波斯站出来，表示愿意加入救援队。一个妇女抓住他的手臂哭喊着："求求你不要去，大海已经带走了你的父亲，就连你的哥哥彼得也在半月前杳无音讯，波斯你是妈妈最后的希望啊！拜托你留下吧！"

波斯镇静地安慰母亲说："妈妈，我必须去。如果人人都想着自己不能冒险，总会有别人站出去的！那事情会怎么样？妈妈，抢险救援也是我的责任，我们必须担当好这个角色。"波斯给了他惊慌失措的母亲一个安慰的拥抱，便加入队友奔往苍茫的大海。

时间一分一秒地过去了，波斯的母亲焦急地站在海滩上张望，她备感煎熬，觉得儿子离开都有几个世纪那么久了。最后，迷雾中终于显现出救生船的轮廓，他们回来了！母亲激动地召唤："波斯，波斯——"只见勇敢的波斯站在船头，把手围成筒状，高兴地向岸上回应道："我们找到最后剩下的那个人了，妈妈，他是我哥哥彼得！"

小故事大道理

心中想着关爱他人，自己才有勇气站出来。用爱履行责任，每一份勇敢的承担都像是一盏灯，照亮世界，也点亮自己。

再看你一眼

他因抢劫获罪，已经入狱一年了，可家里从没有人来看过他。

看着别的犯人三天两头有人来探视，还给他们带来各种好吃的，他十分眼馋，就写信给爸妈，让他们来，不是为了想吃好点，就是想看看他们。

在无数封信石沉大海后，他认为爸妈不想见他，抛弃他了。伤心和绝望之余，他寄出了最后一封信，表明如果他们还不来，就永远见不到自己这个儿子了。这不是意气之言，他早就想好，如果爹妈不想再认他，他会毫无牵挂地跟几个重刑犯一起越狱。他们已三番四次表示拉他入伙，他只是由于担心父母一直下不了决心。

这天天气特别冷。他正和那几个亡命徒密谋越狱，忽然，看守员走来告诉他："有人来看你！"他心里嘀咕：会是谁呢？出来一看，他呆了，是妈妈！

一年不见，妈妈变化太大了，变得让他都认不出来了。才五十开外的人，头发全白了，人也瘦得不成样子，破衣烂衫，一双脚竟然光着，满是泥污和血迹。妈妈身旁还放着两个装化肥用的纤维袋。

母子俩对视着，没等他开口，妈妈早已流下了浑浊的泪，她急忙抹抹眼泪说："儿啊，我们收到你的信了，别怪爹妈心狠，我们实在是忙不开啊，你爸……还病了，我要伺候他，再说路又远……"这时，看守员端着一碗热汤面进来了，热情地说："大妈，先吃点东西吧。"老人忙站起身来，受宠若惊地说："受不起，受不起。"看守员笑着把碗放到老人面前，毫不见外地说："您当娘的来看儿子，吃一碗面不应该吗？"老人不再说话，低下头大口大口吃起来。老人吃面的样子看上去十分满足，好像她已经很多天没吃过热饭了。

等妈妈吃完面，他看着她那双又红又肿，好几道口子还在流着血的脚，禁不住问："妈，你的鞋呢？脚怎么弄成这样了？"妈妈还没来得及回答，只听到看守员冷冷地说："你妈是走着来的，鞋早磨得不能要了。"

走路？从家到这儿有一二百公里远，而且大多都是山路！他慢慢蹲下身，轻轻抚着那双目不忍视的脚："妈，你怎么能走着来啊？你怎么不在路上买双鞋啊？"

妈妈把脚往后缩了缩，故作很不在乎地说："走路还可以锻炼身体……唉，今年闹瘟疫，家里的牛也死了，还天干地旱的，庄稼收成不好，还有你爸……病了……得花钱……他要是没病的话，爸妈早来看你了，你别怨我们。"

看守员悄悄地擦了擦眼泪，走了出去。他把头垂得低低地问："我爸的病好点了吗？"

他等了半天屋里还是一片沉默，头一抬，看见妈妈正在不停地擦眼泪，还向他解释说："眼里进沙子了，你说你爸？噢，他好得差不多了……他让我跟你说，别担心他，好好改造。"

探视时间结束了。看守员进来，手里多了一大把纸币，说："大妈，这是我们看守所人员的一点孝心，您必须买双鞋坐车回去，不然还不让他担心死啊！"

老人直摇双手，辞谢说："这怎么行啊，孩子在这里，你们已经够操心的了，我可不能再要你们你们的钱！"

看守员两眼含着泪说："他做儿子的，没能好好伺候您，反而让您提心吊胆，如果再让您光着脚走回家，他还算是人吗？"

他忍不住了，声音颤抖着喊了一声："妈！"就再也说不出话了。此时窗外也是一片哭声，那是被叫来旁观的轻刑犯们发出的。

这时，另一名看守员走了进来，故作轻松地说："怎么都哭了？妈妈来看儿子应该高兴才对啊，让我看看大妈带什么好吃的来了。"老人来不及阻拦，看守员已将两个袋子里的东西倒了出来。顿时，所有的人都愣了。

只见无数个硬硬的窝头从第一个袋子里跑出来，有的已经四分五裂，但都硬如石头。可想而知，这是老人一路乞讨来的。老人困窘地站在那儿，怯声地说："儿，别怪妈做这讨人嫌的事，我们实在是什么都买不起……"

他像没听见似的，眼睛木愣愣地盯着第二个口袋里的东西——一个骨灰盒！他呆呆地望望妈妈，想知道那是什么。老人有点惊慌失措，她一边遮掩说没什么，一边蹲下身想要抱起那个骨灰盒。这时，他发疯般抢了过来，撕心裂肺地问："妈，这是怎么回事?！"

老人无力地瘫坐在地上，眼泪不住地往下掉落。过了好久，她才吃力地说："你爸……死了！他也想来看你，但是没有钱呀，他没黑没白地干活攒钱，身子给累垮了。临走前，他说最难受的不是病，是再也见不着你了，他让我一定带着他，再看你一眼……"

他嘶号一声："爸，我改……"接着"扑通"一声，哭跪在地，一下接一下地用头撞地。"扑通、扑通"，只见窗外跪了一片，痛哭声穿

故事的疗愈力

透云霄……

小故事大道理

试问天地间，何事最让人悔恨，最痛不过于"子欲养而亲不在"。做好生活中的点滴孝顺，在人生中抉择是非时，更应想想我们的父母。

辑 十

奉献——热心付出的快乐价值

改变单词印记

在一个古老的村落里，生活着一对兄弟。他们自幼失去父母，由村子里的好心人给口饭吃，他们无拘无束，对什么事都忍不住冒险一试。

这对兄弟聪明淘气，有时也很讨人喜欢，但是他们骨子里面有一股野性，做事总是不合规矩。有一次，他们就闯了大祸，他们偷了别人的羊，烤肉吃。在当地，这是很严重的罪行，人们痛恨一切偷盗行为，因为那儿的村民认为偷小的东西，总有一天会变成偷大的东西，比如人的性命。兄弟俩偏偏不知天高地厚，一时贪吃，竟酿成了大错。

很快，人们就发现了他们是偷羊的窃贼。当地的居民捉住他们，并且决定给他们最深刻的惩罚：在他们的额头上印上永远抹除不了的痕迹 ST——"偷羊贼"这两个单词的首字母将伴随他们的一生。

兄弟俩中其中一人觉得无比耻辱，便逃离了村庄，从此人们再也没有见过他的踪影。

另一个人，留了下来。他悔恨不已，决定用自己的行动弥补过失，改变自己在人们心中的印象。起初，村民都不愿和他打交道，对他心存芥蒂。但是人们的眼神越是疑虑，他改变自己命运的决心就越是坚定。

从此，村子里不管什么人有什么困难，都会看到额头上带着标记的年轻人的身影。哪位老人病了，他会跑前跑后，帮忙熬药喂汤。谁家的农活忙不完了，他会无私地过来帮忙。他对任何人都乐意伸出援助之手，而且从来不计回报。他帮助别人，就像给自己做事一样，好像那是他天生的使命。

许多年过去了，一个外地人路过他们的村庄，找到路边的一个小餐馆吃便饭。外地人的不远处坐着一位满头银发的老人，他看到所有经过老人身边的村民都会停下脚步，向老人尊敬地问好，就连小孩子也会懂事地走上前去，给老人一个温暖的拥抱。更奇怪的是，他还发现老人的额头上印着一个形似 ST 的标记。

外地人忍不住好奇地问餐馆的老板："那位老人的额头上 ST 是什么意思？"

"噢，那是很久以前的事情了，时间长得都让人忘记了……"老板回答道，接着想了想，说："我想那是'圣徒'这个单词的缩写吧！"

小故事大道理

偷羊贼与圣徒，不只是一个单词的不同，老人用充满爱的行动改变了自己的命运，从无从把握的阴暗到散发着神圣的光芒，跟随一生的单词，始于污迹，成于圣光。

神父的水壶

那一年，德国突袭波兰。希特勒下达了消灭一切犹太人的命令。在波兰南部的一个小镇上，一队德国士兵正在执行着元首的命令。战争的破坏已经使那里满目疮痍，平常美丽的田园景色消失了，取而代之的是四处的残垣断壁。一个个神情悲苦的犹太人被驱赶到一起，然后不得不登上去往集中营的卡车，他们即将面临未知、凄惨的命运。

一个名叫霍尔的德军士兵跟着部队闯进了一家农户里，他们奉命搜查藏匿的犹太人。在院子的角落里，霍尔发现了一口井，他对其他士兵说："我一个人下去看看吧。"井内只堆放着一些杂物和一只盛水的大木桶。霍尔迅速地巡视了一眼，正准备离开时，突然听到从木桶里发出一个轻微的响声。他掏出手枪，小心谨慎地接近木桶。猛一下掀开桶盖，一双惊恐无助的大眼睛出现在面前，他发现一名犹太少年。霍尔心中一动，他想起了远在家乡的弟弟，弟弟与少年年龄相仿，他和弟弟在一起时，最大的乐趣就是玩捉迷藏的游戏。

上面传来同伴的催促声："有什么发现吗？"霍尔静静地盖上盖子，

答道："没有，我马上上去。"接着他从腰间解下自己的军用水壶，然后默默地放在井底，若无其事地走了上去。

五年后德国战败，霍尔在撤退的时候被当地的自卫军捉住了，他为了保住性命，说自己只是个传教士，可是不论他怎么辩解，也没人相信，人们把他分进了长长的战犯队伍。在审判大会上，他无望地等候发落。从每个人严峻、愤怒的表情中，他知道如果当地没有人能证明他是神父的话，他面临的只有死路一条。

审判终于轮到他了，他悲戚地低下头，充满了对死亡的恐惧。这时，一个男青年冲到台上，指着他对审判长说："我认识他。"霍尔惊讶地抬起头，面前是一双似曾相识的大眼睛，他还能感受到那双眼睛中迸发出来的热情。"五年前，您曾来我家送过圣经。"那双炽热的大眼睛注视着霍尔，"是吧，神父？"霍尔木讷地点点头，他的目光被青年腰间挂着的那只军用水壶吸引了。

小故事大道理

助人者天助，帮助别人，最终获助的将是我们自己。

为爱勇敢

舒克·里兹是部队里的一名伞兵。他五岁时，有一天和母亲诺拉开着小汽车途经一条陌生的乡间小路。他惬意地睡在前座，脚则悠闲地放在母亲诺拉的大腿上。

车子行进在狭窄的羊肠小道上，诺拉正转动方向盘准备拐弯时，突然路上出现个坑洞，整个车身滑出路面，向路边冲出，左前轮陷进坑里。诺拉担心整个车子翻掉，她急忙用力踩油门，把方向盘转向右边，想要把车子返回到路上。但是事与愿违，舒克的脚卡在了方向盘与她的腿之间，车子失去了控制。

小汽车磕磕撞撞掉进了十几英尺的山谷里。直到车子掉入谷底，舒克才醒了过来："妈妈，车子怎么翻了过来？发生什么事了？"

诺拉满脸是血，已经看不清任何东西。她从额头到嘴唇都被插进脸部的变速杆撕裂了。她整个面部血肉模糊，肩膀也被压碎。诺拉整个人则被残破沉重的车门压住，不得动弹。而舒克竟然奇迹般地安然无恙，他哭喊着："妈妈，我带你出去。"他从诺拉身体下面爬了出来，通过车窗逃离了四脚朝天的汽车，他试图将妈妈拉出车子，但诺拉一动也不动。诺拉在昏迷中自言自语："我要睡一会儿……"舒克则大声喊叫："妈妈，挺住！挺住！千万别睡着啊！"

舒克又钻进了车里面，并将诺拉从支离破碎的车门残骸下推出。他又告诉妈妈，自己将爬到马路上去拦车子求救。担心这么小的孩子在黑暗中会遇到危险，并且也不易被司机看到，诺拉拒绝让儿子单独前往。母子两人只好慢慢地往外爬，舒克瘦小的身躯还不到母亲体重的一半，但他拼命用小手往上推重伤的母亲。

就这样一寸一寸地，母子俩人像蜗牛一样爬行。剧痛让诺拉感到绝望，她几乎想要放弃，但舒克一直鼓舞着她。

为了鼓励妈妈，舒克告诉妈妈想想《小坦克》的故事。小坦克虽然只有小小引擎，却能爬上险峻的山崖。为了让妈妈振作起来，舒克则重复说到故事里的一句话"我们可以，我们可以……"

仿佛过了一万年，他们终于爬到了马路边，舒克在一点微弱的亮光下，看到妈妈饱受重创的脸，痛哭流泪。他挥舞着双手，使劲儿对着路过的一辆货车呼喊："救命，请停下来！"他向司机恳求："请送我妈妈去医院。"

总共花了12个小时，缝了300针来治疗诺拉的脸，虽然她的样子看上去跟以前有很大不同，但因为救治及时，脸上留下的疤痕很少，而且已经痊愈。

舒克的英勇事迹被电视台广为报道，但这个勇敢的小男孩，却很自然地认为自己仅仅只是做了应该做的事。他说："那场意外中，我做的事真的算不上什么，任何人在当时都会那样做的。"妈妈则感动地说："如果不是儿子激励我，我可能早就因流血过多而死了。"

爱不孤单，怎么回报伟大的母爱？可以是轰轰烈烈的感恩回馈，也可以是点点滴滴的敬茶问候，只要有爱就不孤单。

给奶奶找乐趣

我自幼在奶奶家长大，爷爷走得早，奶奶一个人照顾我。

在我的眼中，奶奶是世界上最有力量的人，她能背着我走 30 里路。小时候我拿不动书包，每次都是奶奶帮我拎着，风里来雨里去。

我从来没想过奶奶会有变得更老的一天，并且还会慢慢地一点一点衰弱下去。从我记事起，奶奶就是个梳着小鬏儿的老太太，十几年了，不曾年轻也不再变老。直到有一天姐姐去泰山游玩，给奶奶带回来一根雕着龙头的拐棍，看着奶奶如获至宝，欣喜的样子，我才猛然意识到，我长大了，奶奶也变老了。

奶奶不再像我小时候那么有力气，精神头也不足了。每次和坐在沙发上的奶奶谈天说地，刚闲聊一会儿，还没切入正题，奶奶就睡着了……

晚上八点奶奶还会准时上床睡觉，她几乎每天都在连轴睡。奶奶的嗜睡让我担心，可我已经参加工作，陪她的时间很有限。怎么办？我试着给她买宠物，可她喂养的宠物比她还爱睡。让她去广场上溜达着，跟人家学学唱歌跳舞，她也提不起玩乐的兴致。

终于，针对辛勤大半生的奶奶，我找到了有效的方法。

那天我收到新征订的报纸，看完后又发愁放哪儿，最后还是随手扔进了长年累月躺在那儿的一堆旧报里。因为我有剪报的习惯，所以从不轻易把它们当废纸卖掉。放下报纸，刚要离开，我忽然灵机一动。我转身翻腾着那些报纸，因为发行处不同，种类不同，报纸有大有小，有的图多，有的图少，各种杂乱不一。

我拿起一打报纸，找到正在打盹的奶奶，告诉她可以把这些看过的报纸，按大小和图片量分类叠整齐，这些报纸有回收点，方便供应给想读旧报纸的人。

"每天有十块钱的工钱，你做不做？"

奶奶想都没想，爽快地答应了："做，做！反正闲着也没事。"

奶奶从来没有做过拿工资的活儿，这还是头一桩，87岁的奶奶开始挣钱了。

每天十块，一个月300元。有了自己挣的钱后，每次看到准备上街买菜的邻居，奶奶都会顺手掏出五块十块的，托付人家说，"捎点鸡蛋回来，挑个大、光滑的""买点排骨吧"。

以前，总想着按时给她一些钱，衣食无忧，她便安然。可怎么也没想到，奶奶还是像年轻时一样，最高兴的是享受自己劳动的成果。

奶奶老了，我也要想办法多给她找点乐趣了！

希望不要太晚。

小故事大道理

当我们眼中从没年轻过的亲人在一天天变老，我们真的应该做点什么，既然无法参与他们的青春，那么，他们迟暮的时候，请珍惜！

朋友给的惊险

吉姆和哈利是好朋友，一天他们和另外三个人坐着哈利的一架小型飞机试图穿越海峡，那里人迹罕至，他们独自在上空飞行着，再有不到一个小时，就可以成功到达对岸了。

忽然，哈利发现飞机上的油料所剩无几，起飞前，他明明检查过油箱，是满的，肯定是哪儿漏油了。

哈利公布这个消息后，人们一阵慌乱，哈利安慰他们：不用恐慌，还有降落伞！他让也会开飞机的吉姆接替过自己手中的操纵杆，然后去拿降落伞。哈利把伞分到每个人手里，并把分给吉姆的放在他身旁。哈利说："吉姆，我带着他们先跳，你开好飞机，稍后再跳吧。"说完，只见一行四人纷纷跳了下去。

只剩下吉姆一人留在小飞机上了。不一会儿，飞机上的仪表显示油料已耗光，机身靠着滑翔进行最后的无力挣扎，吉姆知道是该往下跳的时候了。于是他一手操纵着飞机，一手伸进身边的降落伞包。忽然，他大吃一惊，包里只有哈利的一件旧上衣！没有伞！吉姆咬牙切齿地咒骂哈利，没有降落伞，跳不成，油料也用尽了，飞机不久就会随着惯性的消失坠入大海！吉姆急得浑身冒汗，他只得一边听天由命，一边使出全身功力让飞机尽量往前开。

飞机无力地前斜向下沉着，与海面越来越近。吉姆绝望了，可就在这时，奇迹出现了，他望见了海岸！他大喜，用尽全身力气拉使飞机前进的杆子，飞机带着他，像捉鱼的海鸟一样贴着海面向前做最后的冲刺。咚一声，飞机撞在了软绵绵的沙滩上，吉姆晕了过去。

十天后，吉姆回到他和哈利共同的家乡小城。他来到哈利的家门外，把那个没有降落伞的伞包往门上一扔，继而怒吼：哈利，你这个无情无义的家伙，给我滚出来！

哈利的妻子和两个孩子跑出来，惊讶地问他怎么了。吉姆气愤地把事情说了一遍，并指着那个包大声地说：看，这就是他欺骗我的证据。他肯定想不到我还活着，上帝保佑！

哈利的妻子一边说自从他们一起出行后，哈利就没回来，一边认真地翻看那个包。她在包底发现一张纸条。但她只看了一眼，就晕了过去。

吉姆奇怪地扶住她，看到纸条上朋友哈利的字迹，大哭起来。原来哈利说他们跳伞而下的海域是鲨鱼区，他知道跳伞下去必死无疑。但他坚持带着其他三个人往下跳，就是为了减轻飞机的负担，让飞机能安全地滑翔到海岸上。

在危急惊险中，能设身处地地为朋友着想，甚至不惜牺牲自己，这是对友谊的考验，更是对人性的考验，这是多大的勇气和怎样的无畏啊！

没有见过的朋友

莉亚喜欢文学，她曾是学校新闻社团的带领人，但现在，她只能每天躺在病床上。

一天，莉亚仰身躺着，随意地翻阅一张旧报纸。看着看着，苍白的脸上突然滑落了眼泪。母亲看见，赶紧走过来，握着她的手心疼地说："怎么又哭了？好好的，会没事的。"她指着报纸上一个作者的名字，轻轻地说："我能给他写信吗？"

母亲擦干她脸上的泪珠，点点头说："好啊，当然可以。"她犹疑地问："要是他不回信怎么办呢？"母亲鼓励她大胆地去写，笔友一定会给她回信的。

莉亚写了一封信，这是她第一次写信交笔友。

那名作者是一个男孩，他也喜欢文学，高考落榜后，他把自己关在屋子里，用文字解忧。男孩很勤奋，写得也很多，却很少得到发表。与他同龄的人，不是上学就是早已走入社会打工挣钱，而他还一直留在家里追求他的文学梦。看着父母整日早出晚归，男孩也苦恼、疑惑：自己走的路对吗？

有一天，男孩写完一篇文章后，对母亲说："妈，我决定了，出去打工，反正世界上也不少我一个作家。"母亲鼓励他继续写下去，可男孩无意改变。

那天晚上，男孩收拾好行李准备第二天出发，他收到了莉亚的来信。信中说，她很喜欢他的文章。每次看他的文章都很感动。还问他能不能做笔友。他把那封信看了好几遍，还用漂亮的信纸给莉亚回了信。

他的母亲看到莉亚的信，又劝他："你还是继续写吧，喜欢你的人肯定会越来越多。"那晚男孩暗自决定，他要继续写下去。

莉亚在病床上开始不停地写信，写对男孩文章的读后感，写男孩作品中需要改进的地方，当然，她也总会收到男孩诚挚的回信。后来，男孩的作品发表得越来越多，有一篇还在一个比赛中获了二等奖。他兴奋之余，赶紧给莉亚去了一封信，并表示想当面谢谢她，要不是她的一直鼓励，自己可能早就放弃写作，进工厂当小工了。

信发出去以后，男孩每天都会把邮箱翻上几遍，却始终不见回复。终于有一天，他收到了等候已久的来信。莉亚同意见面，并在信里写下了自己家的地址。

男孩拿着好几本书，其中还有一本自己出的，欢喜地按照那个地址向莉亚家走去。

按下门铃后，男孩正在想用什么样的语言来表达自己的感激之意，门打开了。开门的是莉亚的母亲，男孩说明来意后，莉亚妈妈把他让进了屋里，指着一扇门说："这是她的房间，你进去看看吧。"

男孩轻轻地推开门，发现整洁、朴素的房间空无一人，书桌上放着主人的照片，还有一沓信件，房间却好像是已经很久不曾有人住过。他不解地望望莉亚的母亲，只听她低声说："一个月前她永远离开我们了。在她生命的最后时刻里，是你的信鼓舞着她每天开心地面对生活。其实，我应该谢谢你。"

小故事大道理

好评是每个人都渴望的，我们需要鼓励、动力，来点燃我们的信心、勇气，我们更需要友谊的支持，来让我们的人生更加精彩。

继父与牛

这一天，继父去卖牛，他赶着那头牛慢慢地走向集市。其实他已经把牛卖出去过一次了，买家就住在隔壁的村子，可是还没到半个月，牛就自己跑回来了，真让人难以置信，更奇怪的是继父无论怎么抽打它，把它赶回买家，它都岿然不动，表示不愿再回去了。真是倔强的一头牛啊！无奈之下，我们只好把卖牛的钱全部退还给人家，将牛暂时留下。

一个月前，家里的另一头牛产下了一头小牛仔，可家里的牛棚空间有限，已经没有多余的地方，更何况家里的经济条件也比较紧张，牛是必须要卖掉一头的。

第一次没成功卖掉的那头牛，可以说是牛群里的"抢手货"，它是一头年轻的小水牛，刚刚学会犁地，耕起地来"牛气十足"，买家出的价格也很高，所以要是必须卖掉一头，非它莫属。

自从牛自己跑回来后，一家人就纳闷了，难道牛还通人性，不仅认识路，还恋旧主？我们都因它的行为吃了一惊。

其实，那头小水牛是继父一手养大的，它学耕地也是继父亲自教的，几句话根本说不清。

小水牛刚刚出生的时候，正赶上村里闹瘟疫，当时不少村子里都死了很多牲口，继父用草药磨成的汁液一口一口喂养它，小水牛才捡回了一条命。可是瘟疫过去了，继父却大病一场。

继父虽然看出了小水牛的依恋之情，并且心里也舍不得让牛走，但为了全家的生计，他还是决定将小水牛卖掉，只不过这次他想去集市上找一个离家远的买家，越远越好，那样它就找不到回家的路了。

一到集市，牛就嗅出了离别的气味，它眼里含着一丝恐惧的光，集市上人来人往的氛围让它感觉很痛苦，还有不安和焦虑。小水牛不断用脸蹭继父的胳膊，一下再一下，好像想尽力讨好一下主人，又好像哀求不要卖掉它。每当买主上前来拍着它问价的时候，小水牛总是缓缓地晃着尾巴，还伸出舌头轻轻地舔继父的手。看到有同类被陌生人牵走，它就哞哞地大叫几声，直到受到继父的几句训斥，它才肯安静一会儿。

但不管怎样，小水牛还是被一个远方的陌生人买走了，继父回来说，那个人给的价钱不是很高，但看上去为人老实，应该不会亏待牛。关键的是，那个人的家距我们这儿有 300 里以上，也正合他卖牛的初衷。

牛被一辆机动三轮车载走了。

我们都以为，小水牛就此消失了。然而，一年多以后的一个寒风凛冽的冬日，继父一开门，忽然看到遍体鳞伤的小水牛躺在门口光秃秃的柳树下。它的身上布满了横竖交错的伤痕，有些伤口还流出带腥味的脓血，那是被皮鞭抽打留下的。

"老天爷——是谁把你打成这样啊！他怎么能这么打你！哪个没天良的！"继父愤怒地大声吼道，他的眼睛也突然变得红红的，湿湿的。

第二天，继父不顾路途遥远，一路打听，决然地把钱退了回去。牛也永远留在了我们家，直到老死的那一刻。

小故事大道理

　　人非草木，孰能无情，但却不知，一草一木其实也有感情，此情没有界限，长在每一个生命里。

生命的极限

不知道你听没听过这样一个故事。

一个旅行团出国旅行，中午他们来到当地一家有名的特色饭店，点了一道招牌菜：酱爆穿山甲。

他们只听说过穿山甲的选购流程：由于害怕或是自卫本能，被捕获的穿山甲一般都是紧紧蜷缩着身体，几乎蜷成了一个圆圈。买方选好后，卖方会有专门的人用力把它拉直，然后开膛破肚，取出内脏等不可食用的部分丢弃，再将其清理干净，放到火盆里烘烤，直到把它身上全部的鳞甲烤落。

那天店里新进了不少穿山甲，一些人很好奇穿山甲的制作过程，便从放满许多蜷缩着的穿山甲的围栏里挑选了几只大个的，要目睹宰杀过程。

一个当地小伙娴熟地提起最肥的一只，神态轻松地开始徒手扯拉它，但用力拉伸了半天，那个蜷缩着的穿山甲依然像个圆圈一样蜷缩着。在场的人都惊奇地笑笑，那小伙十分尴尬，便解释说它的躯体遇到剧痛就会伸张开，说着他将那只穿山甲一次次地重摔在地面一块石板上。谁知，在他的接连狠摔下，那只穿山甲闭上了惊恐的小眼睛，嘴角也流出一缕红血丝，看样子它已经停止了本已微弱的气息，可出人意料的是，它的身体不但丝毫没张开，反而更紧密地抱成一圈。观看的人已经不忍心再看下去，便摆手示意小伙子就此作罢。看着围栏里其他圆圈，那小伙子想在这些动物中，还从来没遇到过这么强硬而伸张不开的，他很不甘心，便直接把地上那只已经一命呜呼的穿山甲，用铁钳夹住放到火堆上烘烧。十几分钟后，它的鳞甲纷纷脱尽了，四处散发着焦煳味，可那只蜷缩着的穿山甲仍然一动不动。这下小伙子黔驴技穷，无奈地看看我们，摇摇头放弃了，说这只穿山甲肯定是天生畸形，不可食用，他随手将其抛落在远处的水池边。后面选出的那几只都顺利地完成了宰杀程序，而且总共不到十分钟就完成了。

在离开结账时，一个奇迹发生了：原先那只怎么也拉不开的穿山甲在被丢弃到水池边后竟然兀自缓缓地伸直了身躯，它紧紧闭着的双眼好像也睁开了一条线，然后随着一下抽搐，僵硬挺直，又闭合双眼，彻底没有了生命的迹象。令所有人都感到震惊的是，在它张开的躯体里，竟有一只刚刚出生的小穿山甲，只有麻雀大小的小家伙蠕动着粉嫩的身体，趴在母亲柔软的肚皮上，身上的脐带仍与母体相连，它的小嘴慢慢张合，仿佛在无声地呼唤着母亲，浑然不知这世上发生了什么。

看到这一幕，所有人都愣在那儿。刹那间那位小伙子，只觉得血液在全身快速翻滚，好像要挤爆每个毛孔，喷流而出，泪水早已涌出眼眶。他从此金盆洗手，再也不干这行了。

小故事大道理

那只自身重量仅仅不过七斤的生物，为了保护自己的孩子，血肉之躯竟然不怕摔打与灼烤，甚至被烧成灰也至死不弃，这是多么惊人的力量啊！它的生命已经超越了自然与人类的一切极限！

送给弟弟的礼物

感恩节时，琼斯的哥哥送给他一辆新车。有一天，他下楼出门后，看见一个男孩目不转睛地盯着那辆闪闪发光的新车，男孩看上去还不到八岁，看见琼斯走来，男孩惊叹地问："先生，这车是您的吗？"

琼斯点点头："这是我哥哥送给我的感恩节礼物。"男孩更是吃惊，他支支吾吾地说："这是哥哥给弟弟的礼物，一点也没花你的钱，我也好想……"

琼斯以为男孩希望有个哥哥，也能送他一辆车，但男孩接下来的话却让他十分震撼。

"我也有弟弟，我真希望自己也能送他一辆车，我想成为那样的哥哥。"男孩继续说。琼斯诧异地看着男孩，忍不住邀请他："咱们坐我的车去兜兜风怎么样？"

男孩兴高采烈点头答应。他们坐上车绕了一小段路之后，男孩欢喜地说："先生，咱们能不能开着车子去一趟我家门前？"

琼斯微笑，他心想那男孩一定是想让邻居们羡慕他坐着一辆新车回家，以此炫耀一下。但是琼斯这次又猜错了。"前面有两级阶梯，你可以把车子停在那儿吗？"男孩请求道。

男孩兴奋地下车跑上了阶梯。不一会儿，琼斯听到有人出来的声音，但动作似乎有些缓慢。这时他看到男孩把弟弟带出来了，男孩的弟弟应该不到六岁，还有点跛脚的毛病。男孩将弟弟安顿在台阶那儿，让他紧紧靠在自己身上，指着那辆新车说："你看，这就是刚才我跟你说的汽车，这是琼斯先生从他哥哥那儿收到的礼物，将来我也会送给你一辆漂亮的车，到那时候你就能坐着车去街上看橱窗里的节日礼品了。"

琼斯走下车子，将男孩腿脚不方便的弟弟抱到车子的前座。满眼感激的男孩也兴高采烈地上车，坐到弟弟的旁边。三个人就这样在灿烂的阳光下开始了一次令人难忘的乘车之旅。

那个感恩节的晚上，琼斯才真正理解了耶稣所说的"给予比接受更有福"。

小故事大道理

将心比心，而我们应该设身处地想到的，不是那些远远幸福过我们的人，而是那些更值得同情的人。不去羡慕别人的幸福，只为别人的不幸悲伤，然后用自己的爱心去给予他们。

找到身边的钻石

农夫艾瑞·辛格家境殷实，就算在整个印度也算是富贵人家。关于他的故事也像他家的钱币一样在人们中间流传着。

一天，一位老者拜访艾瑞·辛格，向他说道："你若得到鸡蛋大的钻石，就能买下整个村子的土地；要是能找到钻石矿，你还可以登上王位。"

艾瑞·辛格听后，深深记住了钻石的价值，渴望找到钻石的心也越来越急切。从此，除了找到钻石，他得到什么也不满足。

有天晚上，他思来想去，怎么也睡不着。第二天一大早，他便急忙找到老者，请求他指点自己怎样才能发现钻石。老者劝他打消这个念头，安心过日子，但艾瑞·辛格听不进去，执迷不悟，他缠住老人苦苦追问。

老者拗不过他的固执，只好告诉他："钻石一般都埋藏在流淌着银色沙子的河里，找到这条河就一定能发现钻石。"

于是，艾瑞·辛格将自己所有的地产都变卖成了货币，让家人借住在亲戚家里，自己带着所有的钱开始了寻找钻石之旅。

但他几乎走遍了整个印度，从来没见到流着银沙的河，当然也没见过钻石的影儿。最后他终于失望，可是又没脸面回家，便在恒河跳水自尽了。

可是，艾瑞·辛格的故事还没有结束。

那个收购了艾瑞·辛格房子的人，也就是老房子的新户主，有一天，他亲自牵着马匹到房子后院的小河边上放牧。当马把鼻子凑到河里时，新户主忽然看到水中的泥里有块东西在闪闪发光。他立即牵住马绳，走上前去，俯身挖起那个放着奇光的东西，原来是一块石头。他将石块带回家，放在佛龛上。

过了几天，那位老者又来到这所房子里拜访，他一走进房间就看到了那块奇异的石头。他忍不住奔上前去惊奇地嚷道："艾瑞·辛格回来了！"

"艾瑞·辛格还没有回来。这是我在后院的小河里发现的。"新户主疑惑地答道。

"您在撒谎。"老者不相信，"我站在门外时，就闻到了奇迹的味道。别看我胡子一大把了，但这块真正的钻石可瞒不过我的眼睛。"

解释清楚后，两人跑出房间，来到后院的那条小河边开始挖掘起来。很快他们就挖到一块更大更亮的石头。后来，他们又从这条小河里找到了很多发光的宝石，就连献给英国女王的那块有名的钻石也来自这里。

　　永远都不要忽略身边的钻石，朋友的一次帮助，老师的一句指点，父母的一声关爱，否则舍近求远，失去再去寻找，可能要付出你承受不起的代价。

不会死去

　　这一天，医院里接收了一位特殊的病人，一个突发脑出血的准妈妈。女人已经怀孕七个月，可病情危急，最好的医生也无力回天。

　　她在生命即将结束的那一刻，用自己全部的毅力，挣脱昏迷的意识，对自己的丈夫说："不用担心，我还没有当母亲，不会死。等我真的永远离开了，你一个人要照顾好我们的孩子。"为了妻子临终前的心愿，丈夫恳求医生不惜一切代价帮妻子实现梦想。

　　想成为母亲的女人，是不会死的。医生给濒临死亡的准妈妈用上呼吸机，让她可以重新呼吸，这样胎儿可以借助她体内的营养液，在母亲体内正常发育和生存。

　　可是已经几乎失去心跳与思维的她，成为母亲的希望，到底有多大？他们只有 48 个小时的时间，在这决定一切的两天里，医生会研讨出应对这个特别的早产婴儿的方案。

　　48 小时，这对女人的生命来说，是那么短暂，短暂得令人绝望，可对于等待做母亲的女人来说，又是那么漫长，漫长得令人不安。女人躺在床上听不见、不会动弹也不能再说话，但她还在均匀地呼吸着，面色红润，腹腔依然温热，好像心脏也在缓缓跳动。

　　两天后，孩子顺利降临人间。那是一个体重只有 900 克、早产十周的女婴，她幼嫩的皮肤好像一碰就会受伤，薄如蝉翼，身体通透嫣红，大大的眼睛明亮而清澈。当医生宣布孩子很健康，各项指标都出奇地正常后，躺在床上的她心跳突然停止了，她柔软温热的身体，从此变得僵硬冰冷。

丈夫把女儿轻轻地放在妻子肩头，让母女俩的脸紧紧贴在一起。孩子清透的哭声像蔚蓝又忧伤的大海一样，用温暖送走妈妈，孩子的忧伤哭叫是那么深邃又孤寂。

丈夫吻别已经停止呼吸的妻子，看见有眼泪从她的眼窝缓缓流出……丈夫的眼泪也滑过她微笑的脸，轻声安慰妻子："睡吧，亲爱的。我们的孩子一定知道，她的妈妈无比美丽和坚强。因为美丽和坚强，所以她永远守在我们身边，不会离开。"

医生拍了拍女人冰冷却微笑的脸，然后将新生儿抱走。此后很长一段时间，孩子都要在保温箱里，接受医生的照料。她是可怜又幸运的，虽然保温箱没有妈妈的腹腔温暖如初，但妈妈也会在天堂默默地保护着她。

小故事大道理

"做了母亲的女人，会永远活在孩子的笑容里。"这句遗言刻在了她那小小的墓碑上，也刻在了我们每个人的心里。

辑十一

智慧——呈现意志的张力

不能送给儿子的礼物

儿子五岁生日时，妈妈送给他一块手表。收到礼物后，小家伙格外兴奋。看着它晶亮的银白色外壳，三根长短不一、细细的表针，儿子直呼："太棒啦！我好喜欢这个礼物，其他小朋友还都没有手表，他们又要眼馋了，妈妈，快教我怎么看时间。"

我帮他将手表上好弦，告诉他，那根跑得最快的长针会告诉我们鸡蛋什么时候煮熟，儿子是那么惊奇。很快他便学会了看钟点。

儿子对他的手表格外珍爱，几乎每时每刻都盯着它，就连睡觉也要戴着，不肯摘下来，每天早上还小心翼翼地给它擦"身子"。可儿子的礼物却给我和先生带来了不小的困扰。

早饭做好后，还没上桌，小家伙便大叫着"7点32分，吃饭时间"。他戴着手表吃饭的样子，更是让我哭笑不得。一只手拿着汤勺往嘴里运食物，另一只手却水平抬起，盯着手表上的每一秒时间，俨然像个监工头。"7点34分，吃完蛋糕时间；7点36分，喝完汤的时间……晚上9点整，妈妈让我上床睡觉时间；9点10分，妈妈关灯时间……"他不厌其烦地记录着一天生活里的时间，玩儿时还要把耳朵贴在手表上，听里面发出的滴答声。

我先生肠胃不好，每天都会被再三嘱咐，下班早些回家，不要外出喝酒。晚上11点多，我和儿子各自睡下后，先生应酬回来。我刚进入梦乡，便听到儿子高兴地大叫："爸爸，现在是11点55分，你终于回来啦！你看我说的时间对不对？""嘘，儿子，小点声，不要吵醒你妈妈！"

我睡眼模糊地打开灯，走出卧室，一脸不快地说："都几点了？你吃饭怎么用了这么长时间？""这会儿还算不上太晚吧。"先生争辩道。"现在是11点59分。"儿子像帮了我们什么大忙似的，得意地说。我们同时把目光投向儿子，命令他回到房间乖乖睡觉。离开前，还听到他默念"12 点 1 分，睡觉"。

第二天一大早，正在沉睡中的我们又听到一个时刻："5 点 15 分，天亮了，该起床啦！"上帝，是儿子预报时间的声音。

我们从睡梦中惊醒，先生已生气地转过身去，我轻声问儿子："怎么了？发生了什么？"他无辜地说："爸爸再不起床，上班就要迟到了，他不是总因迟到，被老板责怪吗？现在马上 17 分。"

"好孩子，现在你已经叫醒我们了，快点回去睡觉吧。"我支走儿子后，放下心来，开始补觉，"5 点 46 分、6 点 10 分、6 点 29 分……"可儿子时不时，不亦乐乎地跑进来预报时间。

从收到礼物后，仅仅两天时间，我们已被儿子折腾得筋疲力尽，我们多么希望事情会有所转变。

忽然儿子哭着回来了。原来他戴着手表给小朋友们看，他们都很好奇手表里边有什么，一位更淘气的小伙伴，用铅笔刀把手表拆开了。结果可想而知，那只手表的时刻永远停在了 11 点 5 分，那是儿子回家吃饭的时间。

平静的生活又恢复了原来的样子，儿子照常保持着他无限的求知和好奇心。只不过，听到"几点了？"我都会想起儿子那份惊人的礼物。

回想那两天的心神不安，我明白了：发明时间，是为了让生活更有序，而不是让生活为了时间而存在。

小故事大道理

我们不能为了时间这个形式而忽略了享受生活的内容，像故事里的儿子那样，看着手表吃饭，怎么会知道饭菜的美味？

五万怎么变成上百亿

有一位建筑材料商，虽然很有商业头脑，做事也很有方法，但在商界摸爬滚打了许多年，他的事业还是不温不火，没有大的起色，最后经营惨淡，公司竟然破产。

那段日子，他好像跌入万丈深渊，抑郁、迷茫、失落。但他没有从此一蹶不振，而是很快从悲苦中恢复过来，并深刻反思自己一败涂地的原因。对比整个行业中他所了解的人的才智、勤奋、计谋，他认为自己哪一样也不比别人差。无论如何他也想不通，为什么比他笨的人，生意都红红火火，而他却与成功无缘呢？

无所事事的时候，他漫无目的地在街头闲逛，路过一个旧书摊，就买了一本旧书随便翻看。忽然，他眼前一亮，心里也好像被什么击中了一下，那是旧书上的一段熟悉又久违的话发出了。

他快步回到家，把自己关在卧室里，不停地思考。

后来，他四处奔波，拿着借来的五万元再战商场。这次，他的生意好像有财神护佑，从卖杂货到钢筋厂，从包工头到材料商，一路竟是风调雨顺，合作伙伴也纷纷闻名而至。

短短几年，他的生意就给他创下了上亿资产，创造了一个商业传奇。有很多媒体访问他开启成功之门的钥匙，他的答案却只有几个字：多让几分。

生意继续顺风顺水，没多久，他的财富竟如滚雪球般，越来越多，多至百亿。

有一次，他被某名牌大学邀请做演讲，台下不断有学生提问，想知道他让五万元变成上百亿元，到底有什么独家秘诀。他笑着回答，因为在任何一次合作中，我都能坚持做到多让两分。同学们听后更觉困惑。望着学生们诧异的眼神，他将一段深藏心底的往事翻了出来。

那天他在路边翻到旧书的一页，忽然被一名商业巨头的发言吸引住了。在那篇文章里，名人说出了自己的经营之道："我的长辈从来没有教过我挣钱的方法，但教会我很多做人的道理，比如，和人合伙做生意，假若利润有七分，甚至更多，我们拿六分足矣。"

他动情地说："那篇文章我看了不止 200 遍，最后，我终于明白，最高超的精明就是实在厚道。"

道理就是这么简单。如果总想着让别人多挣点，就会有更多的人愿意与你合作，这样一来，你的生意虽然少拿了一两分，但却多了一两百单，而每个生意多拿一分的话，你将失去一两百次甚至更多次合作。

小故事大道理

厚道，这就是商人咸鱼大翻身的奥秘所在，第一次失败正是由于他的精明算计，以为获利越多，就越有能耐，殊不知，饮鸩止渴，得到了眼前利益，却葬送了未来前途。

最平常的智慧

15 岁那年，我因学习成绩太差而被学校开除。我没有回家，而是搭便车离开我最熟悉的地方，走向风高浪尖的社会。我开始追寻我的梦想，在艳阳高照下，到处漂泊。

第一天太阳快下山的时候，我在街道拐角碰到一个讨饭的老人。他看我行色匆匆，就走向前来和我说话，他问我是不是离家出走来到这里的。我猜想他可能看着我年纪太小才这么发问。我向他撒谎说根本不是的，是我爸爸开车把我送到附近的高速公路上，爸爸告诉我一个人要勇敢地去追逐梦想，这非常重要。

那个老人说要为我买杯奶茶，我说："不，先生，我想来点矿泉水。"我们走到拐角处的冷饮店里，坐在一对转椅上，喝着饮料。

我们友善地聊了几分钟后，这个老人说他有个重要的东西要和我一同分享。我跟着他穿过几个街区来到一家书店门前。老人停下来问坐在门口的一位女士，我们能否进去看一下。我们获得准许，走进了这个书的海洋。

老人微笑着在书架中找要跟我分享的重要东西。不多一会儿，他怀里就忽然冒出来了几本旧书。他把我带到书架后面的阅读区，把旧书放到桌子上，让我停下旅行陪他稍坐片刻。空空的几张座椅，一张放有几本旧书的桌子，我们坐下来他开始发话了：

"我要教你两件事，年轻人，第一是千万不要根据一本书的封面判断它的好坏，封面会蒙骗人的。我敢肯定我的外表就让你认为我是一个乞丐，对不对？"

我点点头表示自己的确猜想他是一个要饭的。可他哈哈大笑告诉了我一个令人惊奇不已的消息：他是这个地区最有钱的人，他的生活中想要什么有什么，但半年前他的妻子去世了，自那之后他开始反思生活的意义。他意识到在生活中，自己没有体验过的事情还有很多，比如说叫花子的生活。他于是决定做一年乞丐，他开始从一个地方乞讨到另外一个地方，到处流浪。所以，不要以貌取人，否则会上当受骗。

"第二是要学会如何读书，孩子，人生中只有一样东西永远不必担心被别人拿走，那就是智慧。"

说到这儿，他拿起刚从架子上找到的书放到我手上，那是自古至今都不朽的经典之作——柏拉图和亚里士多德的作品集。

在那位老人的指引下，最后，我跟他又回到了我们最开始遇见的马路上。临别时，他再次叮嘱我永远不要忘记那两句话。

听君一席话，胜读十年书，他那几句意义非凡的话改变了我的一生，我会永远铭记心中。

小故事大道理

智慧往往就在偶然的一言一语之中，关键是你在特定的时候以及在自己特定的状态下能否发现、思考、领悟，从而使自己的生活发生改变。

羊毛皮下的拿破仑

俄法战争时，拿破仑率领他的军队在俄国一个荒凉的小镇上安营扎寨，准备开战。有一天他无意中脱离了他的军队，独自一人被一帮俄国军盯上，他发现后，开始在弯曲的街道奔窜逃命。他潜入偏僻的街道里一家羊皮店。当拿破仑气喘如牛地跑进店内时，他气急败坏地对店主大叫："救救我，救救我！快点把我藏起来！"

店主看着他可怜求生的样子，急忙说："快点，去藏到角落的那堆羊毛底下！"然后他又在上面盖了好几张羊毛皮。

他刚刚完成掩盖的动作，几个俄国大兵冲进门来，大声嚷着："有没有人跑进来？快——搜！""他在哪里？我们看见他跑进来了！"不顾店主无力的请求和抗议，他们在他的店里四处乱翻，恨不得把小店给拆了，一心要找到拿破仑。当然他们也不会放过角落里的羊皮，三四把尖尖的刺刀插进皮毛里乱捅一气，但是没有发现他。不久，他们放弃并离开了。

混乱过后，拿破仑从羊毛皮底下钻出来，竟然毫发无损，他的侍卫也赶来营救他了。羊皮店店主心惊胆战地问拿破仑："伟大的帝王，请允许我知道躲在毛皮底下，生死攸关的时刻，那是什么样的感觉？"

拿破仑整整衣装，愤怒地向店主说："你竟然敢对皇帝提出这样的问题，太不知轻重了！来人，把他带出去，蒙上眼睛，听候我的指令，枪决！"

侍卫兵捉住那可怜的店主，将他蒙住双眼，拖到外面空地上站稳。店主看不见任何东西，但是他可以清楚地听到周围的声音：侍卫兵们快速在他身后排成一列，端起步枪上膛；自己的衣服在冷风中簌簌作响。他从来没有这么清楚、敏锐、细腻地感觉到寒风在轻轻摇着他的衣摆、慢慢钻进他的毛孔，他的双脚正不由自主地颤抖着。然后，他听见那位皇帝清清喉咙，不急不忙地喊着"预备……开始……"在那一刻，他知道一切大大小小的伤心事，甚至漠不相关的苦难都将永远离他而去，而眼泪流到脸颊时，他的大脑一片空白，他心里翻腾着一股难以言喻的感觉。

无声的几分钟过去后，店主听到有脚步声靠近他，一片亮光显在眼前，使他一时睁不开眼，他的眼罩被摘了下来。他看见一双深深地望着自己的眼睛。拿破仑那双故意看着他的眼睛，好像要穿透他内心的每个角落。最后店主听到法国皇帝轻轻地一句："现在你知道答案了吧！"

小故事大道理

我们不要在生命的最后一刻才觉醒：过去、现在和未来谁对我们更重要，我们该如何面对？"不在愤怒中回顾，也不在畏惧中前瞻，但是要看清现在周围的一切。"

最聪明的"傻瓜"

在美国一个经济不十分发达的小镇，生活着一个特别的小男孩儿于连。他们整个镇里只有一条街道，还破旧得不像样子，整天尘土满天。

小于连家里也很穷，他从很小的时候就开始到那条街上打零工，赚钱贴补家用，并且每次做临时工都不止他一个孩子，他还有很多和他一样贫困的小伙伴争抢"饭碗"。

在临街的一个小饭馆里，总会有几个酒足饭饱的食客，以捉弄这些贫困的孩子找乐子。他们发明了一种丢钱币的游戏来给自己解闷，即他们往大街上扔一些五角和一元的硬币，然后看着孩子们蜂拥而上来争抢，这很快便成了小镇上最经典的游戏。

而在游戏中，小于连跑过去总会捡那些五角的硬币，而放弃一元的大硬币。因此镇上的人们都打趣说于连是"小傻子"，他连钱多钱少都分不清。镇上的人们对投硬币的游戏兴致更浓了。

"快看啊，小于连那个傻孩子又来了。听说他傻得都不知道大小了，其他的孩子都知道去抢一元的硬币，可他却傻傻地去拾五角的。"

"谁会这么傻呀，我不信！"

"不信你试一试。"

一个人顺手拿出一把五角和一元的硬币扔出去。

小于连停下了，然后不慌不忙地捡起所有的五角硬币就走了，若干个一元硬币很快被其他孩子一抢而光，而对那些一元的硬币，小于连看都不看一眼。看热闹的人一片笑声："这个小于连真是个傻孩子！"

有一天，小于连的爸爸实在忍不住，他觉得儿子古怪的行为让自己很没面子。他对儿子说："孩子，要不要那些钱都无所谓，但是难道你真的分不出大小多少吗？为什么你只捡一些五角的硬币，我可不想有一个傻孩子。"

"我当然知道，爸爸。"小于连不紧不慢地回答说，"但是，如果所有人都争抢那些一元的，恐怕再也没有人会有扔钱的兴趣了。况且，每次拾到的五角加起来，比其他人捡到的一元钱都多。"

小故事大道理

一群自作聪明的看客，一个大智若愚的"小傻瓜"，让我们懂得，卖弄聪明的人总是破绽百出，最终聪明反被聪明误。聪明的人未必智慧，可是智慧的人必定聪明。

借一把梯子

有个人想开一个天窗，可是他没有梯子。邻居家有梯子。于是他决定去邻居那儿借梯子。

可走在路上，他心里总觉得不踏实。他疑心：如果邻居不想借给我梯子，怎么办？还有他有什么事都不会求到我，他昨天遇见我还没等我说话，就漫不经心地打招呼过去了，也许他着急赶时间，也许这种匆忙是他故意装出来的，说不定他心里对我十分不满。他为什么对我不满呢？我又没做什么得罪他的事，是他自己多心罢了。那他会不会把梯子借给我呢？不过如果有人向我借东西，我会毫不犹豫地借给他。而他会不会呢？肯定不会！他怎么能这么吝惜一把梯子，而拒绝帮助别人！他不喜欢我，而且他还会觉得我依赖他而感到麻烦，这一切，仅仅因为他拥有一把梯子！

后来他由疑虑转向咒骂那位邻居，心想：宁愿不开天窗，也不要向那个讨厌的邻居借梯子，从此以后，他休想跟自己说一句话。可他还是觉得不死心。于是他迅速跑过去，狠狠敲打邻居家的大门。邻居应声而出，还没来得及说话，这个人就冲着邻居喊道："你留着梯子给自己用吧，你这个混蛋！"

小故事大道理

借梯子的人就像用放大镜看我们思维中的一个小漏洞，可以说他毫不夸张地照出了我们思想里的自以为是和对生活的妄加臆断。消极狭隘的思维必定导致错误杂乱的行为。

没有尽头的练习

莱恩是一名音乐特长生，他每周末都会参加一对一强化训练。

走进练习室，钢琴上已经放上了一份新乐谱。"试一试吧！"学校新聘请的音乐老师说。乐谱很有难度，他弹得生硬艰涩，错误百出。"很不熟练，加紧练习！"下课时，老师交代他说。老师离开了，他仍坐在那儿，继续弹奏。

第二次上课时，莱恩正准备让老师验收，谁知，老师对上次的课程只字不提，又递给他一份难度更大的乐谱，只说了一句"开始试试吧！"他再次挣扎于更大难度的挑战。

第三周，出现了一份更高难度的乐谱。同样的情形一次次继续着，莱恩每个周末的强化训练都是投身于一份新的乐谱，难度也持续增加，他只得把困扰自己的挑战带回家练习，然后再回到课堂上，重新面临更高难度的乐谱。莱恩觉得自己怎么也赶不上进度，那个难度好像没有制高点，就是在一直增加。每周上课他都没有驾轻就熟的成就感，而是忘记一周的练习，继续追逐更高难度。他感到越来越不安，泄气和失落。他再也忍不住了，他找到老师吐露自己所受的折磨，并提出质疑。

老师没开口，而是拿出第一周的那份乐谱，交给了他，坚定地说："弹弹吧！"

意想不到的事情发生了，莱恩竟可以把那首曲子弹奏得那么熟练，那么精妙！他自己都感到惊讶不已。老师又递给他第二次课上练习的乐谱，他同样弹奏得很精湛。第三首，第四首……全部表现超高地完成后，莱恩怔怔地望着老师，说不出一句话。

"如果我任由你练习最熟练的部分，可能你现在连第一份乐谱都接触不到，更不会达到现在这样的程度……"老师缓缓地说。

小故事大道理

我们最熟悉、最擅长的，也是最局囿我们的。不要把自己圈定在已经习惯的领域而安于固守，画地为牢。

最后一个问题

一位教授带着一群学生到处游学，十年间，他们走过了大江南北，拜访了很多学识渊博的人，现在他们回来了，个个学富五车。

在回家之前，教授在野外的一片草地上坐了下来，说："苦行十年，你们都已经满腹经纶，现在游学就要结束了，我们再讨论最后一个问题吧！"

学生们围着老教授坐在草地上。教授问："此时我们坐在哪儿？"学生们答："我们是在城外的旷野上。"老教授又问："这里长着什么？"学生说："这里长满杂草。"

老教授说："对，我们坐着的地方长满杂草，那我们最后一个问题就是如何除掉这些杂草？"学生们听后，惊愕万分，他们觉得一个饱学之士竟问这么简单的一个问题，实在出乎意料。

一个学生首先回答说："老师，用割草机就可以了。"老教授点点头。

另一个学生接着说："还可以点把火，把它们付之一炬。"老教授微笑了一下，示意下一位。

第三个学生开口说："用生石灰也是一个不错的办法。"

紧跟着回答的是第四个学生，他说："最好把草连根拔起，这样就可以斩草除根了！"

等学生们都说完了，老教授站起来，说："最后一个问题就研讨到这里，你们回去以后，按照各自的说法实验一下。一年后，咱们再来这儿定结论。"

一年后，学生们都来了，可那片旷野上已经不见一根杂草，它成了一片种着小麦的庄稼地。学生们围着麦田坐下，等待老教授的到来，可是教授始终没有来。

若干年后，老教授去世了。学生们在整理他的文稿时，私自把最后一个问题补了进去：去除杂草的最好办法也是唯一管用的办法，那就是种上庄稼。

小故事大道理

种庄稼是去除杂草的最好方法，就像使浑水变清的法子就是注入大量清水，同样，唯一能彻底改变消沉的是积极向上，脱离烦恼的方法是更加快乐。

不是你想象的那样

两个神仙从天庭来到人间视察民情，顺便帮人们做些好事。

有一天晚上，他们借住到一个地主家里。地主十分冷淡地接待了他们，还把他们分派到了一个又脏又乱的地下室睡觉。当他们整理床铺时，年纪大点的神仙发现墙上有一个洞，便顺手把它补上了。另一位年轻些的神仙问为什么，老神仙回答："有些事并不像你想象中那样。"

第二天晚上，两位神仙又来到一位农夫家借宿。农夫家很贫穷，但他热情地接待了两位客人，还把自己家仅有的一些好食物拿出来分给他们，然后又让出自己睡觉的地方给他们住。

第二天一大早，两个仙人听到农夫在悲伤地大哭。原来是他家唯一的一头水牛死了，那可是他种地的主要帮手啊。年轻的神仙非常气愤，他质问老神仙为什么会发生这样的事，地主家应有尽有，农夫家一穷二白，为人厚道，为什么还要夺走他家的水牛。"有些事并不像你想象中那样。"老神仙说，"那次我们在地主家借宿时，我发现墙里面藏满了金币。地主是个守财奴，所以我才把他可以取出金子的唯一洞口封住。昨天晚上，死神想要取走农夫的性命，是我让水牛代他而死的。"

小故事大道理

　　有些事不是你想象中那样，透过现象看本质，要经过分析、思考，理性判断事物。

借用一束灵光

在一个小城外坐落着相邻的两座寺庙。为了大兴教化，当地县长决定重修这两座寺庙。县长命人贴出告示，说要选两组人员各修一座寺庙，县里会提供各种工具用料，在规定的时间内完成整修后评比工程效果，奖赏得胜者。

工程竞标一公示，大家十分踊跃，积极投标。最后，几个工匠和几个和尚被选中，他们按身份自然地分成两组，开始整修旧寺庙。

由工匠组成的一组，按照自己的营建经验，大刀阔斧地开始了，他们迫不及待地申请了各种工具，还有不同颜色的油漆。经过一番废寝忘食，加班加点地整修与装饰后，他们用了尽量短的时间，打造了一座富丽堂皇，雕梁画栋的新寺庙。

而由和尚组成的另一组，面对原本陈旧古老的寺庙，他们不慌不忙，只是简单地领取了水盆、抹布、清洁剂，然后把旧寺庙里里外外擦拭了一遍，尤其是窗户上的玻璃被他们擦得明亮如镜。

几天后，到了验工时间。那天县长赶到，已近日落时分，县长站在两座临近的寺庙前，首先映入眼帘的是一座色彩明艳，浓抹重彩的新庙宇。一座华丽丽的新建筑虽然说不上嘈杂刺眼，但县长总觉得缺点什么，他正欲开口评判，只见夕阳的余光将那座新寺庙的斑斓色彩，轻轻投映到了与之相邻的旧庙上。顿时，那座旧庙显示出一种非凡的气势来，宁静柔和，含蓄自然，与佛的高远境界和人的纯净心灵相称。县长随即宣布修建这座旧而奇异庙宇的一方获胜。那正是和尚负责整修的寺庙。

小故事大道理

和尚用最少的工具，最简单的方式，最无形的力量，给人们展现了一个奇迹，他们充分化用别人的优势，创造了自己的成绩。

吃珍珠的鸟

从前，有一座神秘的荒岛，没有人能够到达那里。荒岛上没有任何人的痕迹，只有自然形成的珍珠。那些珍珠经多年沉积而成，璀璨圆硕，十分贵重。可惜除了海鸟，谁也接近不了那座小岛。

海鸟每天往来于荒岛与岸边，太阳升起时便飞至荒岛，啄食明亮的珍珠，日落返回栖于海岸。自此，图利之人趋之若鹜，他们带着枪支弹药，纷纷聚集到岸上，捕杀腹含珍珠的飞鸟。

久而久之，飞鸟日渐稀少，若干存活下来的，也成为惊弓之鸟，只要看到人的踪影，便飞快地逃之夭夭。

有一天，一个智者途经海岸，他见到海鸟们每天心惊胆战地生活，猎杀它们的人其实也穷困潦倒，可怜可悲，他决定为了大海的宁静、生命的和谐做点什么。

他在海岸附近种下一片树林，并在四周建起围墙，不允许人们随意进入，也禁止人们在树林里捕捉飞鸟，自己也不驱赶任何海鸟，更不放枪。

于是，总有被枪声吓得惊慌失措的鸟儿飞逃进这片树林。慢慢地，海鸟从不经意地闯入变成了长栖于林。它们再也不用整日战战兢兢地生活在危险之中了。

日复一日，海鸟逐渐在密林里安定下来，智者开始在林地上抛撒粮食、蔬果等美食，林子里的鸟儿都喜欢吃这些食物，它们饱餐一顿，就把腹中的珍珠全部排泄出来了，并且从此不再食珠，避免了杀身之祸。而智者将珍珠分散于穷困之人，广济贫苦，也使人们减少了杀戮。海边宁静如初，一切都随着金灿灿的太阳发出亮丽的美好之光。

小 故 事 大 道 理

智者没有多费口舌苦劝利欲熏心的人，而是用智慧引发人们无尽的思考，比如要想收获必须先给予，杀害永远不能使生活更美好！

亲情——慰藉心灵的良药

宝贝，会有人替我爱你

我的妻子因为癌症，在那个冬天里去世了，从发现病症到她离开，她只在医院度过了仅仅 20 天。

在元旦那天，我送妻子回家，那是我们最后一个节日。她整理房间，收拾衣物，指给我看放日常用品的地方，还带走了女儿的照片。后来，她走到女儿身边，做最后的告别。女儿刚刚一岁半，吃惊地望着妻子，奶声奶气地问她要去哪儿，可不可以带上自己。"我的宝贝，亲亲妈妈，妈妈要到国外出差了。"妻子跪在女儿身旁，将女儿揽在怀里，她们脸贴着脸，数不清的眼泪不断流下。

一坐进去医院的出租车里，妻子再也抑制不住，开始号啕痛哭。我轻轻拍着不停颤抖、激动的她，同时告诉司机启动车子。我温柔地喊着她的名字，静待她从绝望中恢复过来。我知道面对这突如其来的晴天响雷，没有哪个人能比她再坚强了。

妻子离别人世 15 天后，我们收到她来自"国外"的第一封书信，信封上贴着未经盖章的邮票，只有反面写有日期。我按照上面的时间把信拆开，强颜欢笑地给我女儿读信：我的心肝宝贝儿，我的小媛媛，你想妈妈了吗？妈妈每天都想媛媛，非常非常想。妈妈现在在国外，要很长时间才能回家。我不在的时候，媛媛要听爸爸的话，好好吃饭、好好睡觉……最后一句是："妈妈爱宝贝。"

这些来自"海外"的信一共有 19 封，它们被整整齐齐地放在一个檀木小盒子里，每隔几周我们就可以收到一封信。妻子在信里提醒我们按季节吃东西，换季的衣服都放在哪儿，以及如何根据女儿的成长情况补充营养，等等。读着它们，我的心总是像被撕裂开了一样，眼眶也阵阵地发潮。

当女儿极度想念妈妈而哭闹时，妻子信中温馨的话语和亲密的口吻总能使女儿安静地坐上一小时。慢慢地，我好像也产生了幻觉：妻子是真的出国了，哪一天她便会回来。我们都习惯了等候她的来信。

在第 11 封信里，妻子劝我为女儿找一个新妈妈，一个能够代替她来爱孩子的人。"你再结一次婚。我也依旧是你的妻子。"她写道。

一年之后，我通过朋友介绍认识了现在的妻子。她离过婚，气质和相貌都很像我的妻子。不同的是，她没有孩子。她的活泼开朗很令我欣慰，因为这种性格能稍微减轻我心中的阴影。我和她说了女儿的情况，还有她母亲的遗愿。

"我想试着见见媛媛，"她轻松地说，"你带我去看看她，看她是否喜欢我。"听后，我感觉到层层疑云，十分疑虑。

我给女儿念了她妈妈的最后一封来信，收到上一封信的时间已是半年之前了。

亲爱的宝贝：告诉你一个好消息——妈妈的工作任务已经完成了，我就要回家了，我们很快就可以相见了宝贝儿！你高兴吗？妈妈外出这么长时间，宝贝儿长高长胖了多少？妈妈恐怕都快认不出你了吧？你还能认出妈妈吗？

我留意着女儿的反应，使我惴惴不安的是，她毫无反应——仿佛什么都没有听到，专心地在那儿清洗她的毛绒玩具。

我欲言又止，忍住没有跟女儿多说什么。想想媛媛差不多都已经三岁了，她渐渐地懂事了。

一个天气晴朗的星期六，我领着新妻子来到家里。

女儿呆呆地盯着她，犹豫不决。她放下行李箱，跑着迎向女儿，将她拢进怀里："宝贝儿，你不认识我了？"

女儿脸上的表情难以形容地变化着，由惊愕转向害怕，我忐忑地注视着这一幕。接着……感谢上帝，一件难以预料的事发生了。孩子丢下玩具，拼命地哭起来，哭得满脸通红，她用小手不停地捶打着新妻的肩膀，大声哭喊着："你怎么这么久才回来啊！"

新妻把她抱在怀里，女儿的胳膊紧紧揽住她的脖子，因抽泣全身还在抖动着。我看见新妻早已是满眼泪水。

"宝贝儿……妈妈再也不走了！"她亲着孩子的脸颊说。

假如爱有天意，那便是天堂里每个博爱的天使，撒向人间的母女花。

秘密的盒子

记得那年圣诞节，我兴冲冲地回家，准备和弟弟度过开心的假期。因为父母打算到拉斯维加斯玩两天，我和弟弟便欣然地表示为了让他们安心度假，我们愿意留在家里照看店面。

出发的前一天，父亲偷偷地把我带到小店后面的一间小仓库里。那里十分狭窄，只摆一台电视和一张折叠式的椅子就塞满了。只要将椅子打开，便没有了放电视的位置。父亲走到电视旁，弯下腰，一只手从电视背后拿出了一个装饼干的铁盒子。他将盒子打开，只见里面放了一大叠纸。我睁大双眼好奇地盯着那个神秘的盒子，还以为那些纸张是侦探小说里的藏宝图，可走上前去一看原来是一叠剪报。

"这些是什么？"我惊奇地问。

父亲表情严肃地回答我："这些是我过去投稿到报社得到发表的文章。"

读完第一篇后，我发觉文章后作者的署名是波特·莱登，显然父亲投稿时用的是笔名。

"我们怎么从来没有听说过你投稿？"我惊讶地问。

"我不想让你妈妈知道。她总是提醒我没有读过什么书的人，最好不要提笔，免得惹人笑话。我曾经还想参加州长的竞选来着，但她也劝我打消念头，她大概是怕我竞选失败而丢人现眼吧，不过我只是想过过竞选的瘾，这倒没什么可坚持的。但后来我瞒着她，还是偷偷把稿子寄到了报社，现在这个盒子里，就是从那时起，我所有被刊登出来的投稿。你是第一个知道这事的人。"

他看着我小心翼翼地读完其他文章，当我抬起头时，发现父亲已经热泪盈眶。

"你最近有再投稿吗？"

"有呀，我写了一篇对委员会选举方法提出几点建议的稿子，投到了法律杂志去。可是已经两个月了还没消息，我想那篇稿子写的内容太肤浅了，有点失败。"他解释道。

我好像第一次认识父亲一样看着他，一时之间也不知该说什么，只得安慰他说："可能过几天就有消息了。"

"也许吧，但我觉得希望不大。"父亲轻松地笑了笑，他把盒盖盖上，然后将盒子放回电视机后面。

第二天早上，父母两人搭公交车到火车站，然后转坐火车到拉斯维加斯。我和弟弟看店时，脑海中不断浮现那个盒子。我们从来都不知道父亲喜欢写作。我没将这个秘密告诉弟弟，那是我和父亲之间的神秘之盒。

两天后我们从窗外望去，远远地看见母亲下了公交车，但只有她一个人。她快速地穿过马路，走进家里。

"爸爸呢？"我们同声问道。

"他去世了。"母亲表情有点呆滞地回答。

我们难以相信这个事实，跟着母亲追问不舍。她说就在他们经过人山人海的地铁站时，父亲突然摔倒在地，旁边经过的一位医学院的学生，停下来查看了一下父亲，他只说了一句："他的心脏停止跳动了。"

当时车站的人流不断，母亲张皇失措地站在父亲身旁，完全没有了主意。后来有位地铁站的工作人员帮母亲叫了救护车。将近一小时后，一辆救护车才来到现场，他们把父亲的遗体送到了当地最近的殡仪馆火化。

其实父亲一向精神抖擞，身体硬朗，而且任劳任怨地照顾体弱的母亲，结果现在却突然离世了。以后再也不能听到他看店时吹的口哨，整理进货时哼着的小调，他就这样离开我们了。

葬礼结束的那个晚上，我坐在屋里，整理着亲友们送来的慰问信。

就在此时，一本法律杂志引起了我的注意，如果是平时，我会觉得这类刊物内容枯燥而不屑一顾，但抱着一丝希望，我翻到了目录页，果然父亲最后一次投稿的文章也在上面。

我抱着杂志，向后面的小仓库跑去。一进门，我禁不住又泪流满面。悲伤再也无法克制，我痛哭着把那篇文章读完，然后将它剪切下来，放进藏在电视后面的盒子。

那个盒子成了我和父亲之间永远的秘密。

小故事大道理

树欲静而风不止，子欲养而亲不待。有时候把我们对父母的崇敬之爱雪藏于心，而成为他们永远不会知道的秘密，这何尝不是一种深深的遗憾。

最坚强的形象

那天早晨我乘坐飞机回家。环顾四周，我看到许多正襟危坐的人和背着皮包的商人，飞机上的乘客也都精力旺盛，欢愉而活跃。我坐在后面拿出一本书准备打发漫长的飞行。

飞机起飞一小时后，开始左右摇摆，上下颠簸，好像是出什么毛病了。但我已经是有经验的老乘客，我看到还有几位乘客和我一样，对这次碰到的小麻烦不屑一顾，要是你常坐飞机，会习以为常这种小问题，不必当回事。

可没多长时间后，飞机的小波动不仅没有停止反而越来越严重，并且飞机开始急剧下降。驾驶员奋力试图使飞机上升，可毫无作用，不一会儿，一个坏消息从广播里传来。

"飞机现在遇到了麻烦，显示器表明水压系统失灵，飞机的鼻轮操纵也失去控制。目前我们正努力返回出发的机场。为了能平稳着陆，我们将尽可能地减轻飞机上的重量，我们正将多余的汽油倾倒出去。

现在由于系统故障，我们无法保证起落架可以被打开，所以请各位乘客随时做好迫降准备。"

听完断断续续的广播后，我意识到飞机可能会失事。看着窗外沉重的汽油倾泻而出时，我们感到再也没有比这种景象更凄惨的了。镇静的乘务人员安抚已经变得歇斯底里的人各就各位。

我望着飞机内一些商人的面孔，吃惊地发现，他们的表情早已和之前不同，刚刚的谈笑风生被惊恐完全取代。人们摊在座位上呜咽号哭，我周围坐满了六神无主、惊慌失措的恐惧者，在如此境地中是否有人保持安静与坦然？那需要多大的勇气支持啊！我开始在乱哄哄的人群中寻找，但结果很失望。人们都变得脸色苍白，白得恐怖，包括最镇静的对乘机习以为常者，没有人例外。没有谁能站在生死线上毫不畏惧，每个人都或多或少地失去淡定。

忽然，从某一排里隐约传出一个特别的声音，或者说仿佛是在正常场景下传来的声音，它平静而柔和，平缓而充满爱意，没有一丝战栗和紧张。那是一个妇女的说话声，我肯定她就在这架飞机里。

我站起来看到越来越多的人在恸哭、尖叫，有一些男人极力保持镇静，但他们紧握着并不停颤抖的手，和咬紧的牙关将他们的恐惧暴露得一览无余，尽管我的信念让我不至于歇斯底里，但我也没有胆量当作什么事都没发生，我决定必须找到这位不一样的发音者。我的视线穿过人们的哭喊声，终于聚焦到了那位说话的妇女身上。

在一片骚乱之中，一个母亲在轻轻地对她的孩子说着什么。她大约有30多岁，外表普通。她聚精会神地望着女儿的大眼睛，她女儿看起来还不到六岁。小女孩认真地听着，体会着母亲浓浓的爱意。女儿专注、热切地回望着母亲的凝视，周围悲痛恐惧的气氛对她们毫无影响，她们像是遗世独立的一对天使。

我忽然想起另一位在空难中幸存下来的小女孩，在那次事故中她母亲用自己的身体保护了她，全机乘客除了她都未能幸免于难。由于小女孩儿无法摆脱负罪感和负疚感，无法从恐惧的阴影中走出来，她后来接受了心理医生数个月的治疗。我们都希望这样的悲剧不要再重演。

我抑制不住去听那位母亲对她的孩子说些什么。最终我靠过去，竭尽全力才听到这个轻缓而令人欣慰、感动的声音。那位母亲在一遍又一遍地说道："宝贝，我爱你，我是如此爱你。你知道吗？妈妈对你的爱超过了一切其他……"

"我也爱你，妈妈。"小女孩说道。

"亲爱的，你是个好孩子，记住，不论发生了什么，我都永远爱你。有些事情的发生不是你的错，你永远都是妈妈的好孩子，我们彼此的爱会与你同在。"

然后，那位母亲把女儿紧紧揽在怀里，系上安全带，准备等待飞机坠落。

出乎意料的是，奇迹发生了，飞机安全安陆，飞机竟然放下了起落架！悲剧没有发生！几秒钟之间，一切又都好起来了。

小故事大道理

那位母亲用生命向我们诠释了，什么是真正的勇敢，什么是真正的英雄。相信每一位母亲都是我们心中最英雄的勇敢者，因为有爱。

十块五毛钱

"十块零五毛，纸盒加上塑料瓶正好30斤，钱您拿好了。"捡破烂的妇女拿着仅有的十块五毛钱，离开废品收购站，步伐沉沉地往回走。经过一个无人的十字路口时，忽然跑上前来一个陌生男子，还没等她缓过神来，那人已拿出一把水果刀，架在她脖子上，厉声说："快！把钱拿出来！"她吓傻了，站在那儿一动不动。

歹徒开始搜身，想从刚结完账的她那儿捞点油水。他从妇女的上衣兜里拽出一个小布包，里面摸着像是有一沓钞票。

歹徒拿着那个布包，转身就走。这时，她反应过来，大喊一声：

别走！抢劫啦！并立即追上前去，扑到歹徒身上拼命夺下了小布袋。歹徒用刀划破了她的手臂，还对着她恐吓说："不想被捅死，就识相点！"捡破烂的妇女却用身子紧紧挡住盛钱的袋子，死活不放手。

她一面死死地护住小布袋，一面大声呼救，幸亏几个远处的路人闻声赶来，合力制服了歹徒。

一伙人押着歹徒帮妇女找到了附近的派出所，值班的民警受理了这个抢劫案。审讯录口供时，歹徒对自己的行为供认不讳。而那位妇女已被吓得失魂落魄，只见她脸上直冒冷汗，站在那儿还在不停地打哆嗦。民警安慰她："没事儿了，这儿很安全，别害怕。"妇女回答说："疼死我了，他把我的手指都掰断了。"

她说着抬起右手，人们这才发现，她那只手的食指和中指向下耷拉着，一点劲儿都没有，像垂在筷子上的两根面条。

民警猜想那小布袋里应该有什么金银首饰，才会让她不顾一切地拼死要回钱袋子，就算被掰断手指也在所不惜。民警让她当面清点一下袋子里的东西，确认没问题后她可以先去医院了。妇女打开小布袋确认无误后，在场的人都惊呆了，那里面总共只有十块零五毛，全是一毛和两毛的零钞。

民警纳闷了：妇女为何宁可断手指也不放弃这区区的十块五毛钱？是什么力量在支撑着她？他决定探个究竟。

带着妇女去医院包扎后，民警完成任务，两人各自回家。但那个疑问让民警很不甘心，刚走了没多远，他就决定转身跟在妇女身后，以解开谜底。

妇女走出医院大门不久，径直来到一个水果摊儿前面，她认真地挑选着水果，好像刚才的危险从未发生。更令人惊讶的是，她将水果摊上的货物品种各挑了一种：一个苹果、一个梨子、一只香蕉、一个橘子……直到把她那拼命护下来的十块五毛钱花得一分不剩。

民警惊奇地张大嘴巴，心里嘀咕：难道不顾断手指的剧痛保住那十块五毛钱，就是为了吃水果？这让人难以置信，还不罢休的民警决定继续尾随妇女，一探究竟。

妇女付完钱，提上一袋子水果，蹒跚着出了城。最后，她竟来到了小镇边上的一片墓地。周围林木茂盛，格外僻静。妇女走到一座新墓前，伫立良久，从远处看，她好像还欣慰地笑了一会儿。民警慌了神儿，虽然说这时正值中午，可这么奇怪的事儿还真叫人迷惑。

只见妇女将水果一个个掏出来，轻轻地放在新墓前，喃喃自语："儿啊，妈妈对不起你。妈妈有愧啊，你才13岁就离开人世去见你爸了，都怪妈没本事，治不好你的病……还记得你告诉妈，最大的心愿就是吃到各种各样的水果，那时候是冬天，妈买不起那么贵的水果，我愧对你呀，竟连你最后的愿望也没实现。现在妈妈终于把给你治病借的钱还清了，今天还挣了十块五毛钱，妈终于可以给你买上水果了，你看，有橘子、有梨、有苹果，还有香蕉……都是好的，一点都没烂，妈挨个仔细挑过了，孩子，你吃吧……"

小故事大道理

绵绵不尽如江海，声声不断是母爱，即使生死相隔，谁能说这生生不息的至情至性不足以惊天地，泣鬼神。

妈妈的香水

明天就是周五了，艾米丽愁眉苦脸地想着该怎么办。明天学校开家长会，出席的肯定又是妈妈，本来她上个月的成绩进入了前五名，她欣喜不已，可她最不想发生的事就是妈妈来到学校，扎在她的同学和老师堆儿里。因为，在她眼里妈妈是一个十分不会打扮的女人，常用的香水味道强烈刺鼻，简直像鸟屎一样难闻，妈妈衣柜里的那些衣服，每一件都五颜六色，色彩极为夸张，实在让人不敢恭维。更可气的是，每天放学后，妈妈都会不请自来，接她回家，雷打不动。为此同学们都在背后议论和嘲笑她，艾米丽想自己坐车回家，可妈妈说什么也不同意，她只好无奈接受。

一晚上的时间就这样在不停的烦闷中过去了，第二天一大早，艾米丽犹豫再三，还是向妈妈坦诚地说出了自己的想法。"噢，亲爱的，我很好，你不用担心，我一点都不累——"妈妈还是像往常那样坚持。但这次，艾米丽实在忍不住，她打断了妈妈的话："不，妈妈，我并不是怕你会累着，只是，你每次去，我的同学都会笑话我，瞧，那个喷着鸟屎一样难闻的香水，穿着俗艳衣服的女人又来了，所以，你可不可以不那样，我不想再丢人了！"

"哦，哦……"妈妈的脸一下子变得通红，半天没说出话来，好一会儿，她才尴尬地笑笑说："好吧，我明白了。"艾米丽知道自己的话伤害了母亲，她忽然心里有一些内疚，想上前去道歉，可想到同学们不自在的笑脸，她犹豫了一下，最终咬咬牙转身离开了。

那天艾米丽在学校总是心中不安，终于，等到了放学时间，她和朋友刚刚走下台阶，还没来得及上校车，突然，不知哪间教室里传来一阵巨响，接着是惶恐的喊叫声和奔跑声。

"快跑，有人开枪杀人了！"有人大声叫嚷着跑过去，随后涌上来一波接一波的人潮，艾米丽的眼镜被撞掉了，她在人群里跌跌撞撞，根本无法拾起眼镜，更看不清应该往哪个方向跑。

艾米丽急得大叫起来。突然，她闻到一股熟悉的味道，那是妈妈身上难闻的香水味——"哦，妈妈！"艾米丽激动得都快哭出来了，就在发出这种特殊的香水味的人群里，艾米丽隐隐约约看到一个穿着像彩旗衣服的人，她感到异常亲切。艾米丽被混乱的人群涌来涌去，但她分明看到那面"彩旗"离她越来越近，它正朝着自己的方向奋力地冲过来。

很快，所谓的"枪击事件"被证明是个闹剧，但由于恐慌，造成了无谓的踩踏事件，很多人都被挤倒踩伤了。幸运的是，艾米丽因为看到了出口的方向而安然无恙。

晚上回到家，安顿好艾米丽后，妈妈对她说："亲爱的，不好意思，今天晚上我和爸爸要去参加一个重要的聚会，我们可能会晚点回来，可以吗？""没问题。"艾米丽爽快地回答。她安心地躺在床上，回想今天的惊险一幕，以及妈妈温暖的怀抱，使她在惊恐中一点都不害怕了，虽然眼镜被踩坏了，但幸亏还有备用的一副，这不，妈妈已经给她找出来放在床边。过了一会儿，艾米丽想下楼去喝点水，她慢慢地摸索着走出房间，还不得不戴上那副备用眼镜。

突然，在楼梯上，她惊呆了，客厅里站着一个光彩夺目的女人，她穿着优雅的黑色长裙，身上散发着芬芳的玫瑰花香，那是谁？那还是妈妈吗？

这时，她听见爸爸轻轻地赞叹说："亲爱的，你今天真漂亮，你已经好久没有这么打扮过了。""嘘！小点声，千万不要把孩子吵醒了，我可不想让她看到我现在的样子。"母亲柔声说道。"其实，你本来可以把实情告诉她的，你喷那样的香水，穿那样的衣服，就是为了让她在人群里能很快发现你呀。"爸爸怜惜地说。"知道我那样打扮是为了她，她会为我不开心的。"妈妈小声地说。

艾米丽愣住了。原来，事情的真相竟是如此。因为自己很小的时候，就被检查出患有视神经萎缩，只有时时戴着巨大的框眼镜，她才能勉强看清东西，这也让她经常在学校出一些洋相，被看到的同学大声嘲笑。

"你不知道，我今天听邻居说他儿子待的学校里发生过可怕的枪击案，我就十分担心，如果艾米丽也遇到这样的情况怎么办，她在黑暗中怎么找到方向，幸亏我今天还是坚持去了……"妈妈感慨地说着，她还在为女儿今天遇到的事后怕。

不知不觉中，艾米丽的眼角掉下泪来，原来，妈妈平日里难闻如鸟屎一样的香水味是母爱的味道，它比起那些玫瑰香或者薰衣草香，高贵多了！并且它一直就在自己身边。

小故事大道理

爱是最好的香水，无比高贵，千金难买，可我们却经常忽略身边的无价之宝，请收起我们的嫌弃，为我们如此拥有，勇敢地骄傲吧。

会犯错的母亲

我住的小区外面，有一个简易的水果摊，那里的水果个个色彩鲜艳、外形丰润，格外引人注目。每次经过，我都会忍不住买上几个带回家。

摊主是一个中年女人，慈眉善目，说话十分和气，经常笑容满面，给人十分温暖舒服的感觉。因此，她的生意很不错，每天买水果的人都很多。

女人有一个二十出头的女儿，正是花一样的年纪。偶尔会在水果摊上看到她帮忙招呼顾客，但不大爱说话，空闲的时候就拿着一本书坐在一边看。

时间久了，我慢慢了解到那位中年女人的一些事，比如她离婚十年了，没有再嫁，她和女儿相依为命，一直靠水果摊维持生计。比如离婚后她还会时常去看看婆婆，照顾老人家。比如她们住在远郊的平房，简陋狭小，下雨时还会漏雨……

有一天，天公不作美，从一大早就飘起了小雨。这对于卖水果的女人，可谓是雪上加霜。可是那天，我经过时，发现她格外高兴，并且正准备收摊。

看着还未到中午，就哼着歌，把水果一个个收到箱子里的她，我忍不住问："这么高兴，中奖啦？"她有些不好意思地笑了笑，摇摇头，一只手挡在嘴边，小声说："我女儿有了男朋友，是个学计算机的，听说是高薪职业呢！今天来我们家见面。"可以看出来，她不仅高兴还有点小小的得意。

她麻利地收拾好东西，骑着三轮车匆匆转身汇入人流中。我不禁欣慰一笑，由衷为这个独自带大孩子的女人高兴。一个人带着女儿十年，其中的辛酸苦楚无人能知，看着女儿长大成人，再嫁个好人家，应该高兴一下了。

第二天，天空放晴。路过她的水果摊，她和自己的女儿背对背坐在椅子上，都嘟着嘴，谁也不理谁。等有人问水果价时，她也提不起精神，无精打采地招呼顾客。

我走上前去，问女人："怎么生气了？昨天那未来女婿还行吧，是不是一表人才？"谁知，我这一问，女人的脸色更难看了。她有点赌气地说："别提了，人家嫌弃我这个老土，不讲卫生，给人家坏事了。"女儿在一边也开了腔："你说，我是不是早就跟你说过，别用那脏兮兮的绒布擦筷子，你就是不听，这回好了，人跑了，你愿意了？"

她有些委屈："这么多年，你都是我管吃管喝带大的，吃了十几年我做的饭，你生病了吗？缺啥少啥了吗？"她的女儿有点不以为然地说："你就会讲些歪理，从不接受别人的批评建议，你怎么一直这样……""别责怪你妈妈了，她也不是神仙，人都会有做错事、说错话的时候，你就原谅她吧。"我插嘴劝解道。

女孩儿气冲冲地把话停在了嘴边，没有说完，再看窝坐在一边的女人，早已满眼含泪。

小故事大道理

母亲都是会犯错的普通人，她们并非无所不能、无所不会，甚至还有很多大大小小的缺点，可她们对孩子的爱是完美无瑕的。在这么珍贵的东西面前，那些过失还算得了什么？

一封没有字的信

柏林墙坚固地立在那里，还在不停地被加高，加厚。华斯慢慢地走过去，然后又返回来，接着，他看到看守的警察摇摇头，便无奈地离开了。

没有人会对这一场景感到奇怪，只有华斯自己明白，那个奉命看守柏林墙的警察是好人。他会暗中帮自己把写好的信，送到对面去，然后历经周折，把信转送给该看到它的人。所以，在华斯心里，这道柏林墙并未真正设防。

那名警察叫格纳，一直以来他都反对设立柏林墙，所以他愿意无私地冒险帮助两边的人们转送信件，虽然表面上仍是坚守岗位，法外无情的样子。

不知道被一道墙冷冷隔开的人，有多少对格纳心怀感激，华斯每天都会在心里无数次祷告，希望格纳一定要平安无事，他可是联系那边的唯一途径了。但天意难测，华斯的担心很快便应验了。当然，为了不引起骚动，上边抓捕格纳的事，不会让人们有任何觉察。格纳被迅速地秘密转移了。

那天，华斯像往常一样转悠到墙附近，而那里站岗的人却换成了一副陌生的面孔。新来的警察还解释说，格纳被提拔到更高的岗位上了。所以，一周后，一群士兵闯进华斯家里，他还茫然不知发生了什么。

那是一群穷凶极恶的人，华斯看到格纳时，几乎认不出来这位好警察了。格纳满脸血痂，头发散乱，新的血还在从布满全身的伤口往外渗，他整个人都不成样子了。而格纳之所以变成这样，竟是因为华斯的一封信，他们没有看懂华斯给东边写的信。而格纳转送的大量信件中，偏偏只有他的很特殊。华斯的信上没有发件人地址，他们动用全部警力，明察暗访，整整用了五天时间，才找到信件的源头。

"为什么写好的信是一张白纸，这是什么暗号？还是用了什么能把字藏起来的技术？"华斯也被抓起来审讯，就在格纳面前。可华斯有什么好交代的呢？他本来就寄了一封没有写字的信，更没有使用任何伎俩。他说格纳帮自己投递了几十封信，每封信都是空白的。可不论他怎么解释，没有谁能相信这无缘无故的无字书，谁会冒着生命的危险投送一张白纸？

他们拿起了火热的烙铁，他们最擅长用残酷的刑具，对付所谓的"入网大鱼"，被绑在一边的格纳便可说明一切。

"我没有说谎，我说的都是真的，那些信是我寄给自己 80 岁的老母亲的……"华斯拼命解释，但那群人却是一阵冷笑："给母亲的信就什么都不写了吗？还是只有把那边的她抓来才能解密啊？"看来，他们已经认定了华斯和格纳合伙背叛，如果逼问不出什么，他们是不会善罢甘休的。

"不,不是的,求求你们——"华斯焦急地挣扎着,"她根本就不认字,我寄信,只是想有个人偶尔去看看她,我的母亲已经太老了,如果她有什么意外,起码邮递员能发现。"

最后正是因为这个原因,他们都活着被放出来了,不仅有华斯和格纳,还有其他所有信件的主人。再后来,柏林墙推倒了,他们还一起参加了庆祝仪式,华斯还上台讲了这个令人潸然泪下的故事。那时他的母亲已经去世了,但是他对所有德国人说,无论在哪个国家,运行哪种政治,亲情会超越一切限制,没有什么能够阻隔它。

小故事大道理

一段柏林墙掩埋了多少往事,它也让人性的纯美之情愈加浓烈,有一种情感能自由地跨越任何界限包括政治,那段不设防的柏林墙就是证据。亲情如日月,浩荡不息。

教儿子卧倒

前不久,德国一家电视媒体重金征集"一分钟惊险镜头"。这一活动吸引了众多新闻工作者踊跃加入,随之,便把活动带成了广受关注的焦点。

最后大奖揭晓,以绝对优势夺冠的是一个名叫"卧倒"的惊险镜头。作者是一名默默无闻的佚名者。

每个人都很好奇获奖镜头到底有什么精妙之处,不管作者何人,人们只想着获奖作品,以一睹为快。

几个星期以后,人们终于等到了渴慕已久的"惊险冠军"播出时间。

那天晚上,万人空巷,人们都坐在电视机前面翘首以待,并且纷纷议论即将上演的这组镜头如何抢镜,等等。就在短短一分钟后,电视机以外的所有眼睛都满含泪水,可以毫不夸张地说,一分钟的镜头使全体电视观众足足肃默了十分钟。

在那个镜头里，一名铁路工人正走向自己的工作岗位——为一列徐徐而来的火车扳开道岔。这时在他身后的方向，另一辆火车也刚刚驶进车站。如果他不按时扳道，两辆火车势必相撞。就在即将走到施工点的时候，他无意中回头看了一眼，竟发现自己的儿子正在身后的铁轨上玩耍，而扳开道岔后火车将快速驶进这条铁轨。

是挽救孩子，还是扳道避免发生火车相撞的灾难，他几乎没有思考选择的时间。那一刻，他以惊人的镇定向道岔冲了过去，并朝儿子威严地喊了一声——卧倒！

刹那间，两列火车安然无恙地行进在各自的轨道上。车上的旅客对刚刚惊心动魄的一刻，浑然不知，他们永远也想不到，自己的生命可能会在刚才一眨眼的工夫，戛然停止。他们也全然不知，就在刚刚的一瞬间，一个小生命像一名训练有素的战士一般，听令卧倒在铁轨边上。火车在轰鸣声中驶过，孩子平安无事。这一幕被一名正好路过的记者拍摄下来。

人们猜想，那名铁路扳道工必定是一个英雄一样的父亲，他本人肯定也饱含着优秀的品质。后来，人们才知道，他只是一名普通平凡的工人，除了扳道岔，再无一技之长，更没有什么英雄的魅力。但他忠于职守，从不误工。而更让人意想不到的是，那个同样被夸赞英勇的孩子竟是一名弱智儿童。扳道工有时间便会对儿子说："你长大后能干什么呢，你可选择的太少了，但你必须学好一样东西啊。"傻儿子甚至听不懂父亲的话，依旧傻乎乎的，但就在生命千钧一发的那一刻，他却听到父亲的一声令下——卧倒了，这也是他在跟父亲玩游戏时，唯一能听懂，并表现超凡的动作。

小故事大道理

天生我材必有用，我们可能很普通，但在生命的某一刻我们可能会有不平凡的爆发，在任何时间里，都不可轻视任何生命的力量。